U0021164

我一個人，餓了！

40篇飲食記憶×40道美味料理，
國民姑姑暖胃療心上菜啦

海裕芬——文·圖

自序／

復刻記憶美味，堆疊人生滋味

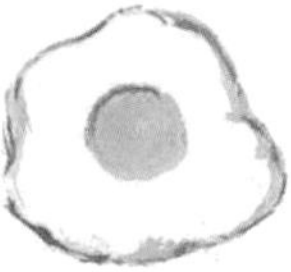

「我一個人，餓了。」這就是我非常平常、日常的生活狀態。不是刻意孤僻，而是想在好餓的時候，可以盡興任性地想吃什麼就吃什麼。累了一天之後，好想點一桌子菜、大口大口享用，即使一個人吃不完也覺得心情很好。可是，在不懂做菜之前，總覺得獨自一人去餐廳吃飯，莫名有種小孤單；每當進餐廳，跟店員表明只有一人時，常常被分到必須跟別桌靠得很近的座位，雖然餐廳裡的大家都自顧自地品嚐著，仍覺得有些不自在。

那不如就自己動手做吧，挑戰看看是否可以復刻記憶中的美味。

做菜時的情緒是複雜的，有些料理是紀念曾經的美好，有些菜色是懷念當時的遺憾，有些餐點則是傳承家人的手藝。從逛市場開始，就是一種幸福，那些食材和小吃，光是用看的就可以感受到香氣。喜歡步入市場那種瞬間的熱鬧，無論是攤商或是婆婆媽媽們，目光中都充滿了不同的期待與心思，一來一往互動之間，編織成許多有趣的故事。

書中用了「煎、燉、炸、炒、蒸」來烹調料理，因為這五種方式，彷彿可以對應到人與人之間關係的產生；不同的熱度可以變化出多樣的結果，這不就和家人、朋友相處的感覺很像嗎？時間的加乘，酸甜苦辣的堆疊，端出了人生的滋味。

現在，請讓我一道一道的分享，關於那些美食的每個故事！

CONTENTS

輯一 油煎人生嘛

誰不是在鐵板上煎熬？油鍋裡翻滾？

輯二

顧爐火的燉煮時光

點滴生活所寫就的私情書

輯三

炸物，暖暖

即使厭世，還是想被香氣療癒

輯四 鑊炒百味大女子

有蔥有蒜，有肉也有青菜，才有滋有味！

輯五

迷人蒸滋味

人生至此，再度愛上簡單純粹

我一個人，
餓了！

—輯一—

油煎人生嘛

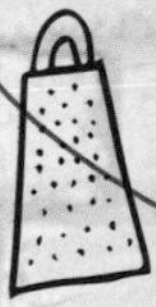

誰不是在鐵板上煎熬？

油鍋裡翻滾？

每種料理方式 都能讓食材產生不同的香氣

少許的油 小量的火 輕巧地翻動

一切是如此溫柔 於是

就完成了香脆的口感

煎一份浪漫韓劇的香氣

第一次在首爾吃到正宗的海鮮煎餅時，覺得自己好像韓劇的女主角，在看韓劇時，那些主角在店裡喝啤酒或是燒酒，然後看他們大口吃煎餅，覺得好爽喔！

趁著工作的空檔，自己按圖索驥找到一家小店，不會說韓文，店家阿姨也聽不太懂英文，指著照片跟阿姨說想吃什麼，阿姨熱情地說了一大串，但真的聽不懂，只覺得她好可愛，用盡肢體語言想讓我了解她要推薦什麼。那家店中的客人也很有趣，用簡易的英文替我解釋。覺得很幸運第一次自己在首爾找東西吃，就可以遇到這麼友善親切的店家。

在等餐的時候，很想要來瓶燒酒，可是酒量太爛不敢嘗試。阿姨在送餐來時，帶上一小瓶小米酒，由她的表情和動作，大概可以猜得出來她要表達的是這瓶很好喝，我也跟著用比的告訴她我怕自己喝醉不敢喝，她又認真地比，感覺是要告訴我不會太烈，不用擔心喝醉。以上的內容都是用猜的，也許猜對大部份，或根本是雞同鴨講，但是因為她的推薦，我喝了一小杯的小米酒，味道真的很順口，甜甜的，甜酒釀的香味！

期待的海鮮煎餅送上來了，阿姨很熱情地要教我怎麼吃，最有趣的是她是要從「怎麼拿筷子」來教我，彷彿她以為我連筷子都不知道怎麼拿！呵呵！豐富的海鮮煎餅裡面超多料，香香脆脆的，加上特製的沾醬是辣的，完全符合我的期待！因為各式小菜是無限量供應，就這樣一邊吃海鮮煎餅，配著各種不同口味的泡菜，好過癮，那晚的回憶很棒。

那天吃完了海鮮煎餅，在入夜有些涼意的首爾街頭走走晃晃，看到路邊攤有冒著煙的炒年糕和炸物小吃，覺得胃內還有空間可以吃點什麼道地的小點，對著炒年糕比一份，然後炸雞肉串和一份血腸，又買了一瓶香蕉牛奶，很滿足的心，很飽的胃。

那次工作，訪問了好多位韓星，本來有點小緊張，但因為吃了道地美食，感覺與他們拉近了距離，聊起天來也輕鬆許多。他們問有沒有吃到什麼好吃的呢？跟他們分享了自己去冒險的過程，他們教了我幾句點菜時的韓文，以及殺價的用語，那次訪問因為美食開啟了話題，也多了好多笑聲！

現在在看韓劇時，都會回想當時的心情，自己煎了海鮮煎餅，因為是自己一個人吃，所以加了更多自己喜歡的料，沾醬也做得更辣，還特別去買了鐵筷，假裝自己在首爾，吃著海鮮煎餅研究韓劇內容。

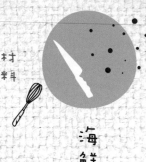

海鮮煎餅

材料

韭菜花……一小把　蔥……一小把
花枝……一隻　蝦……五隻
蚵仔……數顆　全蛋……一顆
中筋麵粉……200克　鹽……一匙
黑胡椒……適量　蒜粉……少許
泡打粉……一小匙　麻油……一匙
米酒……一匙

沾醬

醬油……一大匙　醋……一匙
砂糖……一匙　大蒜……數瓣
白芝麻粒……適量　辣椒油……適量

步驟

1 韭菜花及蔥對半切成小段，蒜磨成泥。花枝切成條狀或圈狀，蝦剝殼備用。

2 快速汆燙海鮮食材，加入兩大匙米酒去腥，撈起瀝乾備用。湯底不要倒掉，可加入麵粉中，增添麵糊鮮味。

3 麵粉加入鹽、黑胡椒、蒜粉及泡打粉，攪拌均勻，湯底放涼後，慢慢加入麵粉中拌勻，麵糊不要太稀。

4 將花枝、蝦、蚵仔、韭菜花、蔥等食材加入麵糊中，平底鍋中火預熱後，放入麵糊，以中小火煎熟。

5 麵糊成形後加入蛋液，待雙面煎至金黃後盛盤。

6 將蒜泥與其他沾醬材料拌勻，上桌！

可在鍋邊淋上些許芝麻油，增加餅邊的酥脆及芝麻的香氣。

用人生挫折成就美味

在排隊等食物的時候，大部份都是靜靜地在一旁滑手機發呆等叫號，可是如果遇到很愛聊天，或是想分享人生的攤販時，就免不了要聊上幾句。或許在人生那短短幾分鐘，是有個什麼特別的緣份，需要成為那個店老闆的情緒出口，如果可以在短暫的時間內，讓他的心情舒緩一些，好像某種程度也是幫了他一些忙。

有的時候美味的東西，用嘴巴和鼻子品嚐就好，不需要用到眼睛，因為如果是用看的，是真的有點膽戰心驚。不過，像是陳年油垢、食材保存與那麼多顯而易見的衛生問題，都不影響生意，這應該是我們這些消費者不想正視的逃避心態吧——反正不乾不淨，吃了沒病。

那天下班的時間比較早，經過公園，一陣香氣撲來，嘴饞也想來份蔥油餅，很難得沒有大排長龍，只有我這一個客人，點了一大張可以切成四份的蔥油餅，像平常一樣，要求加蛋加辣加多一點的醬油膏，然後，還要酥一點。就是按照平常點餐的方式，可

能是因為平常客人太多，老闆沒空理我，今天他很閒，就對我的點餐方式提出了建議和意見！當然，語氣一開始不是客氣的。

「這麼會點，那怎麼不回去自己做！」我愣了一下，第一時間沒有意識到是在跟我說話，因為怎麼可能有老闆要客人自己回去做？抬頭看了老闆一下，發現他沒有在看我，就笨笨地猜應該是在講手機，可是，他又繼續說：「蔥油餅好吃就是要吃它的酥，沒有人比我的酥啦，我跟妳講！」這倒沒錯，因為老闆的蔥油餅就是因為夠酥，才會這麼多人願意排隊等上二十分鐘，也要吃一份剛起鍋的蔥油餅。

「妳又加蛋，又加辣……」顯然他還沒發洩完，「還在那邊要多一點醬油膏，這樣全部擠在一起，這蔥油餅是要怎麼酥？」被老闆一講完，我完全沒有回嘴的餘地，因為每一句都是我沒能好好品嚐他精心製作的錯誤。「我不是要教妳怎麼吃啦，是因為妳最後說要酥一點，我才提醒妳加一堆有的沒的，怎麼可能會酥？不然妳等下什麼都不要加，先吃一片試試看口感！就知道什麼叫酥了！」

老闆依舊用找錢收錢擦桌子的手，給了我一片剛起鍋，什麼都不加的蔥油餅，我想都沒有多想地咬了一口，天啊，真的有夠酥，真的可以聽到咔嚓一聲，餅皮香，鹹度適中，蔥香，味道不刺鼻。「是不是？沒有在給妳騙吧！但是妳想加還是可以加啦，每個人吃東西的喜歡不一樣！但是不要讓老闆為難嘛！」

老闆說他靠賣蔥油餅幫中風的哥哥還了債，也照顧了他和自己的小孩唸完書，以前他也是穿西裝上班，要我不要小看他。就是因為他在工廠是負責品管，他對於細節非常要求，什麼零件就該放什麼位置，什麼模具就要完全符合規章，品質把關好了，再要求行銷，每一關都不可以隨便。老闆說做蔥油餅也是他自己看食譜和去菜市場跟人學來的，然後他再加入自己的想法，所以他剛剛要我回家自己做不是開玩笑的，因為他說當年也是市場阿嬤那句：「會吃不會做喔？那不就憨憨！」激發他努力做好蔥油餅的志氣。

謝謝老闆的逆向指導，我來自己試做看看酥脆肉末蔥油餅，如果有一天做出什麼名堂，一定會是因為那天下午被老闆揪出了盲點！

會吃不會做喔？
那不就憨憨！

酥脆肉末蔥油餅

材料

中筋麵粉……200克
豬絞肉……100克
胡椒粉……些許
糖……少許
蔥……一小把
蒜……數瓣
鹽……一匙

將餅皮擀得薄一些，讓蔥油餅更加香脆。

步驟

1 將中筋麵粉加入一匙鹽拌勻，加入些許熱水攪拌，再慢慢倒入冷水，攪拌至沒有粉狀的麵糰即可。將麵糰抹上少許油，鋪上濕布靜置二十分鐘。

2 蒜壓成泥，爆香，加入蔥花及豬絞肉拌炒，以些許鹽和糖調味。

3 將麵糰等分成小麵糰，平台抹些許油，將小麵糰擀開，均勻抹油，撒上胡椒粉及蔥花絞肉，將餅皮捲成長條再盤起來，覆蓋保鮮膜靜至十分鐘左右。

4 將蔥花小麵糰擀開，冷鍋加入些許橄欖油，中小火慢煎至雙面酥脆。

食療搶救掉髮危機

最近洗頭時，覺得怎麼會開始掉那麼多頭髮，本來沒什麼太大的擔心，因為仗著自己髮量夠多；可是，狀況持續了好一陣子，接著在看照片時發現額邊兩側的髮際線變得稀疏，開始懷疑是真的有脫髮掉髮的危機了嗎？還是以前都是有瀏海，所以沒有特別注意髮際的狀態，現在還要把頭髮刻意固定，才不讓額邊顯得太空曠。

去看了皮膚科，醫生很仔細地檢查，覺得毛囊沒有什麼問題，而且他用手拉頭髮，也不會很輕易被拉下來，所以沒有脫髮的憂慮；但是建議洗髮的時候，不要用太燙的水，吹頭髮時的溫度及力度也都要注意，不要對自己的髮絲太粗魯。被這樣一提醒，開始檢討自己的清潔過程，好像真的洗髮的頻率有些多，一天至少洗兩次頭，回到家工作結束，一定會洗一次，隔天早上出門時，又會再洗一次。然後，因為喜歡洗很熱的澡，相對地在洗頭髮時水溫也一定頗高，接著又在搓洗頭髮時，力道真的不小，覺得那樣好像才比較乾淨；在擦乾頭髮時，也不那麼溫柔，吹頭髮時也為了快速，所以都是開最大最熱的風量。在醫師提醒之後，認真照顧頭皮和髮絲，果真開始減緩了掉髮的數量。

上網找了能夠增加髮絲營養的食品，發現黑芝麻是很好的食材，黑芝麻可以補肝腎、潤五臟，在烏髮養顏方面有很好的功效，而像平時需要耗腦力工作的人，就更應該多吃黑芝麻。

黑芝麻與富含維生素C的食物一起食用，可增加鐵質的吸收；與富含蒜素的大蒜一起可提高維生素B1的利用；但與草酸含量豐富的食物（如蘆筍）一起搭配，則會結合成難吸收的草酸鈣，影響鈣質吸收。

有了這些資訊，開始研究跟黑芝麻有關的料理，偶然經過五穀養生的食品店，看到有在販售新鮮的黑芝麻醬，想到可以來試試做黑芝麻煎餅。試著自己調麵糊的比例和甜度，自己做的好處就是可以想多酥就多酥，想要的厚薄也可以完全照自己的喜好，多做幾次上手之後，黑芝麻煎餅就成了招待朋友的下午茶點！

芝麻煎餅

材料

蛋……一顆　糖……一大匙

牛奶……適量　低筋麵粉……100克

泡打粉……一小匙　黑芝麻醬……適量

黑芝麻粒……些許　橄欖油……少許

步驟

1 將蛋及糖拌勻，加入低筋麵粉、泡打粉，再加入牛奶及少許橄欖油攪拌均勻。

2 平底鍋中加入少許橄欖油，倒入麵糊中以小火加熱，單面可先撒上黑芝麻粒。

3 待麵糊成形後翻面，加入黑芝麻醬，在鍋中對摺後煎至金黃即可。

餅皮中可以加入一半黑芝麻醬一半花生醬，同時嚐到兩種風味。

紅著眼的男孩，謝謝與對不起

嘴硬，真的很吃虧，因為拉不下臉，就很容易後悔，氣自己為什麼就是要爭嘴快的輸贏，然後贏了一時又如何，反倒失去了最值得珍惜的關係，夜深人靜時又反覆哭著懊惱，卻又提不起勇氣打破僵局，應該說不願意放下自己的驕傲，就這樣浪費了許多人生，那些讓自己後悔一輩子的相處時光。

會有這些感慨是因為和那個男孩聊天，他說，我聽，我說，他哭，那天晚上我弄了一道蝦仁煎蛋給哭紅著雙眼的他吃。

他三十出頭，是個非常搞笑又陽光的男孩，他常自嘲是小少女，不介意人家逗著笑他是妹仔，因為他好有自信，他說：「我有的，妳們沒有，而且我比妳們更美更有女人味。」這真的必須完全認可，因為他長相俊俏，造型很有風格，是回頭率超高的外型。很少看到他心情不好，他總是那個帶動氣氛的重點角色，除非是喝了一點，約莫是半瓶紅酒他就會開始哭，可是問他哭什麼，他都不說，只是不斷重複自己很爛很差很不應該，接著就一直自言自語地說著對不起，淚流不止的他很令人心疼，卻總無法知道他流淚的原因。

我們其實沒什麼深交，他是朋友的朋友，但偶有遇到時，他都會越過好多人來坐在我旁邊，親暱地勾著我然後撒嬌說要吃我做的菜。因為平常他就是瘋瘋癲癲的，講真的也沒把他的話當一回事。那天，又巧遇了，他比平常認真地問我可不可以真的吃到我做的菜，我就像平常一般也半開玩笑地回：「好啊，你找到可以讓我做菜的地方，我就做給你吃，看你想吃什麼，我都做！」他興奮地說：「姊姊妳說的喔！打勾勾！那來我家！」約好了，某天工作結束之後，我按時到了他家，食材他準備，我只負責煮，感覺自己就像是個私廚無菜單什麼的。

他家的擺設很簡單，但東西都很有設計感，黑白灰為主的色調，不像他外顯的那麼少女心，反而多了穩重的質感。進入廚房，看見流理台上擺了蝦仁、蛋、蔥薑蒜和高麗菜，還有豬絞肉和一盒豆腐，他已經把食材清理好了，而且該去殼切片切塊的全部都已備好，這讓我有些不知道該如何下手。他老神在在地回：「都弄好了，麻煩妳做就好！」不知道是不是我看花了，他在講時怎麼感覺眼眶中是含淚的！我問他：「你看起來很會弄啊，幹嘛不自己做？」他真的哭著說：「因為……我很希望再吃到姊姊

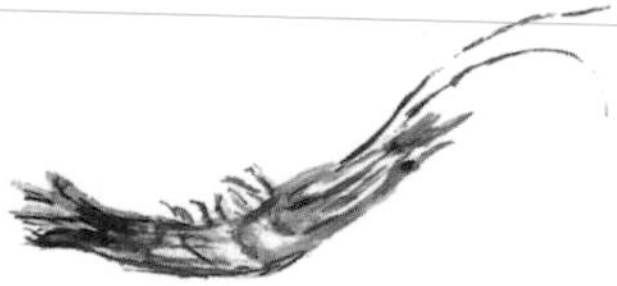

做的蝦仁煎蛋。」「那……幹嘛不請你姊做？呵！」說完之後，反倒是我語塞，「她兩年前走了。」

原來，他唯一的姊姊因為車禍離世了，他懊悔地說自己很愛跟姊姊吵架，是真的吵架而不是鬥嘴，他不喜歡姊姊管他，尤其是要他像個男人一樣扛起照顧家裡的責任，但是又非常疼愛他，當他被笑是娘娘腔時，姊姊一定會替他出氣，他不喜歡吃蔥和蒜，但又喜歡蔥蒜的香氣，他姊姊就會先把蔥蒜煎出油後撈出來，再用蔥蒜油煎蛋，每次他和姊姊吵架，都會賭氣好幾個星期不和姊姊聯絡，因為他才不要先低頭道歉，所以每次都是姊姊示好，但也會很有個性地傳四個字「蝦仁煎蛋」，這時，他當天就會笑著去姊姊家吃飯。原來，他把我當姊姊了，我照著他姊姊的步驟完成了蝦仁煎蛋，他邊吃邊說對不起，摸摸他的頭，我也忍不住掉淚。

現在常常在一個人的時候弄一碗蝦仁煎蛋，那個男孩的眼淚令我反省自己是不是也很愛找架吵，或是吵架了也嘴硬不主動示好，那些冷戰的時光，多麼浪費啊，如果在乎，就先傳個訊息表達想念吧，不要等到失去了，再後悔自己的硬脾氣。

蝦仁煎蛋

炒蛋滑嫩祕訣在於油溫偏高，油量可以多一些。

材料

蝦子……十隻　蛋……三顆

蔥……一根　鹽……一匙半

糖……少許　米酒、白胡椒……少許

步驟

1 蝦子去殼去腸泥後，加入米酒、半匙鹽及白胡椒醃製。將蔥切為蔥花備用。

2 將蛋以同方向打散，加入蔥花、一匙鹽和糖打勻，可加入一些水增加嫩度。

3 起油鍋，可先加入蝦頭煸出一些蝦油，再將蝦仁下鍋煎至約八分熟後撈起備用。

4 在鍋中加入更多的油燒熱後，將蛋液倒入，蛋液開始略為凝固時加入蝦仁，稍加拌炒後就關火，以鍋中餘溫拌熟蛋液，才能保持蛋的滑嫩度。

打拚，也要保持剛出爐的熱情！

「然後，就把那些錯全都堆到我頭上好了！那些話是我說的嗎？根本不是嘛！那為何要塞到我嘴裡？」一好久不見的小學妹，氣呼呼地乾了一大口啤酒之後說著。

認識她的那時，她才剛畢業，知道我們是同校不同系後，就一直喊我學姊，現在的她也快四十歲了。那天傍晚收到她的訊息，問我會不會剛好今天可以一起約吃飯，比約定的時間晚了十分鐘左右，她小跑步趕來，這已經是她最準時的一次了。她說從下午開始就聽辦公室那些小女生喊著要去哪裡哪裡，然後，非常準時在可以下班的時間立刻相約下班。辦公室裡只剩下她，和其他幾個不太熟的同事。座位上的隔板擋住了彼此的視線，除了是希望工作時可以更專心，應該也是避免在下班前要和大家交代自己的行程吧！對於領薪的上班族來說，只能忍耐吧？不然還能怎樣？抗議嗎？抱怨嗎？擺爛嗎？就這樣，在心裡幹譙幾百句髒話中，有苦說不出地結束了一個星期。

那個滿腔熱血的小少女，還在嗎？現在的她，還會發自內心笑著聽主管說話嗎？現

在的她，還是會在中午和同事們興沖沖地一起去吃便宜的自助餐或是肉羹湯加乾麵或是在會議室交換便當嗎？曾幾何時，成了別人口中的姊？沒人主動邀約一起衝去排隊買午餐，只能等著小助理順道買回來的午餐，忙到感覺餓時，已經快兩點，隨便扒了幾口涼掉結成一坨的乾麵，又要準備進會議室開會，那涼掉的麵等於是用啃的。是說，正常狀況下，是非常愛吃熱騰騰加三匙辣油和烏醋的肉燥乾麵呢。

那時，她從當時的企劃助理，爬到現在的企劃協理，這十多年，好漫長，又好快。她應該做到了當年對自己的承諾，但，不一定是老闆心中認可的最好，卻是和其他人比起來做得最多！工作，好像也是她僅有的了，熬過那麼多的冷嘲熱諷，遍體鱗傷的已經是小主管，仍堅持要掌控盯著每個環節，深怕任何一個步驟落失了，都會影響自己。這樣的工作模式真的是累死自己，又吃力不討好，更可以說是裡外不是人。在這些同事心中，不是朋友，只是個孤僻的老女上司吧。

她淚汪汪地說著：「學姊，跟妳說這些妳一定懂，因為我們是同一種可憐人！」敢說如今的自己，依舊絕對認真負責，但是工作怎麼卻都沒有相對應的回報。小時候課本中教得「一分耕耘一分收穫」，真的是指農夫吧？因為上班族才沒能得到一比一的成果呢！哈哈，都也成了憤世嫉俗的老小姐了！

想起還在當上班族的那些年，好羨慕那些妹妹可以說走就走的旅行，馬的，老娘才不是沒錢，存款也早就達到小時候的夢想！而是不敢遞出假卡，每次只要休幾天稍長的假，就會發生狀況。還記得那時半夜剪完帶子，存了檔，撐著眼皮，用力抬起步伐離開公司，大門口的警衛老伯隨口問了：「今天又這麼晚啊？要吃晚飯喔！」講真的，之前好煩他老是愛問東問西：「幾歲啦？要留心自己的人生喔！不要到頭來對自己的決定後悔！」都覺得干他屁事兒！可是，在今天這麼寂寞的心情，好謝謝他的關心！揮了揮手，然後立刻轉頭，再怎麼孤單都絕不可以讓自己在外人前掉淚，但我忘了有沒有對他笑一下。

學妹說著她的委屈，因為長官的一個錯誤判斷造成公司的損失，要不是她及時發現，後果真的不堪設想。名義上說他是長官，但空降的他根本懂個毛啊？看不懂報表，連EXCEL表格都不會做，每次有案子要等他裁決，他都用那種聽起來好像掌握全局，但狀況內的人絕對秒懂他的無知和不敢承擔！因為他會以模稜兩可的口吻回答：「大家覺得怎麼樣？我尊重大家的意見喔！」

開會時客戶端不是只來了業務，而是連總監都到了！對方總監問了細節的執行及效應，長官自以為是的講了個沒和大家討論過的條件，但真的不符合預算也和客戶的規劃有所差距。學妹和工作人員想要幫忙回答，誰知對方總監挑明要長官解說，還不許雙方任何人插嘴，然後，長官根本答不出來，這種尷尬的場面僵持了至少半小時，大家應該都在猜「我們長官和對方的總監是不是有什麼『私人交情』」？因為兩人的表情不是一般業務端的那種很單純的不滿意，老闆也不同平時態度的理虧沉默，兩人反倒比較像是小情侶間在鬧脾氣。

學妹說：「所以囉！倒楣的又是我！」為了終止這場怪異的會議，在快結束時，長官當著大家譙說她怎麼沒弄好，要她今天下班之前交出來，但明明她已經早就準備好最完整的報告，剛根本沒機會講。「好！我忍了！這個鳥虧我受了！在會議結束後，長官不但一句謝謝都沒說，又在辦公室裡當眾數落我的執行能力，嗆我為什麼不跳出來說話，害得他超級難堪！這時的他，音量可大了，和在剛會議上比起來，罵得好順又中氣十足！但一切罵我的內容分明只是想替自己卸責，以及亂發脾氣而已嘛。好的，我再忍！即使心裡詛咒千萬遍，忍！」

我們的晚餐之約，本來是八點就要開始吃飯，可是又不忍心打斷她的抱怨，等到她感覺到餓時，已經快十點了，問她今天整天到底吃了什麼啊？早餐沒吃，只喝了咖啡，中餐亂扒幾口糊掉的麵，和一口冷掉的湯？她突然又泛淚說：「我想吃熱的！很熱的！蚵仔煎和臭豆腐和麵線！」看著她覺得心疼也覺得佩服，但也覺得她太逞強，可是，沒有給她任何意見，就只是聽著她訴苦，因為人生是她的，旁人多嘴無益！「哇！好久沒吃到剛煎好的蚵仔煎了，外帶的都冷掉，吃起來好噁！」

那天之後，又有好一陣子沒見到她，這天我在超市裡繞了一圈一圈，籃子依舊是空的，沒靈感要吃什麼，然後，手機傳來訊息，那個學妹傳來的：「我出運了！」還以為是她下定決心離職，或是找到幸福，然後下一則是：「上次說的那個討厭的長官被開除了，好爽！」「那妳有升職嗎？」「沒有！但沒差，只要他不在了，我就不會那麼痛苦了。」她的語氣回復到原來那個充滿熱情和朝氣的感覺，看來，她還是會繼續卡在工作中打拚，下次去偷襲她，幫她送個熱便當好了。

然後，我就替自己弄個熱騰騰的時蔬蚵仔煎吧！希望我也能保持剛出爐的熱情！

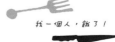

隨時保持
剛出爐的熱情！

時蔬蚵仔煎

材料

小白菜……一把　茼蒿……一把
蔥……一根　韭菜……一根
豆芽菜……適量　蚵仔……數顆
地瓜粉……適量　蛋……一顆

沾醬

柴魚醬油……兩匙　甜辣醬……一匙
味醂……半匙

步驟

1 以地瓜粉1：水2.5調製粉漿。加入切好的蔥花、韭菜末拌勻備用。
2 油鍋先放入蚵仔，以中火略煎。
3 加入小白菜、茼蒿、豆芽菜拌炒。
4 加入兩勺粉漿，打入一顆蛋，弄散蛋液。
5 凝固定型後，再翻面略煎即可盛盤。
6 沾醬調勻後，可加熱略炒出醬香。

如果喜歡蚵仔煎香脆一些，
粉漿中的水可少一些。

喜歡的人喜歡的味道

觀察著喜歡的人喜歡什麼呢？喜歡喝什麼？喜歡吃什麼？喜歡玩什麼？但最想知道的是喜不喜歡自己！那天，天氣不算好吧，飄著小雨，平時在那種天況時要去戶外就覺得很麻煩，可是，如果喜歡的人一起同行，就會在心裡偷笑著，尤其是只有一把傘的時候。

那晚，一起在夜市裡逛著走著，沒有特別要買什麼，也沒有特別想要吃什麼，因為沒有特別的目標，所以步伐可以放得好慢，感覺這樣就可以讓喜歡留在身邊久一點，即使聊天是有一搭沒一搭，但是因為視野所及是豐富的，話題可以因為看到的隨意隨興開啟。

不過就是這樣走著嘛，怎麼心情這麼好呢？喜歡走在喜歡的人旁邊，但不敢靠得太近，怕過高的體溫會干擾了互動，然後，身上所有的感覺都被放得好大，在過馬路時，被拉了一下衣角提醒小心車子，或是經過人潮擁擠的攤位時，被勾了一下手以防走散，

某一攤特別的商品引起了彼此的興趣，那時就會驚喜原來自己喜歡的那個什麼，對方也是喜歡的！

夜市應該是很熱鬧又吵雜的吧？怎麼那些彈珠檯那些叫賣的商家那些抓娃娃機的聲音，都那麼小聲啊？原來，聽覺都專注地留給了身邊喜歡的那個人，其實不只耳朵，連視覺也不想充滿夜市裡的複雜，只是擔心自己的目光太過炙熱，反而有些肉麻了；那就把手當成眼睛好了，有意無意地牽著，反而比盯著看好多了。好想上廁所，可是好怕打斷正開心的聊天，彼此分享著自己的喜好，然後越來越了解對方，原來，那也是彼此小時候最喜歡的卡通人物，那也是都不敢吃的東西，那也是都超怕的昆蟲，那也是最喜歡的調味料，哇，原來彼此有這麼多相同的喜歡。那些小時光，自己都偷偷地開心著。同時因為那種喜歡只有自己知道，那種如果說破了，就什麼也沒有的害怕，也是自己默默地擔心著。

餓了嗎？這麼多知名的小吃，會選擇哪攤呢？不希望立刻就決定想吃什麼，怕太快就要離開夜市，聽說那裡的羊肉湯很好喝，那裡的麻辣鴨血豆腐很過癮，那裡賣雞蛋糕的老闆娘很可愛，感受著喜歡的人的喜歡，順著對方的目光盤算著未來也要學會這道料理。最後，選了起士馬鈴薯餅，綜合的，裡面有火腿、培根、鮪魚、雞蛋、青花菜，然後，不要加鳳梨，嗯！筆記好了。不喜歡罐頭鳳梨！

但終究當時的喜歡，也就只是獨自的喜歡。

此時，下雨了。窗外滴滴答答，撐了傘慢慢晃去有一小段路外的二十四小時超市，好想吃點什麼，這時間是算宵夜了吧，可是這是今天的第一餐，應該可以補充一點高熱量吧？先拿了起士，然後突然想起了當時夜市馬鈴薯的味道，挑好了記憶中的那些食材，再慢慢走回家，路程中的店家都打烊了，突然水溝邊衝出了老鼠，嚇到跳到馬路上，然後，在驚魂未定中笑了出來，覺得自己好蠢，同時也好想念當時被叮嚀小心車子的保護。這晚，不管幾點，都一定要大口大口吃自己做的起士馬鈴薯餅，然後，再回味一下曾經好喜歡的感覺。

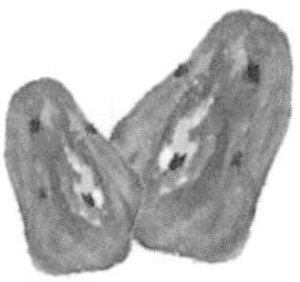

在馬鈴薯泥加入些許太白粉，
可增加Q度。

起士馬鈴薯餅

材料

小番茄……數顆
培根……一片
巧達起士……一片
蛋……兩顆
鹽……少許
太白粉……一大匙
馬鈴薯……兩顆
火腿……兩片
鮪魚……半罐
青花菜……數小朵
美乃滋……適量
麵粉、酥炸粉……些許

步驟

1. 先製作蛋沙拉。將一顆蛋連殼水煮，放涼、剝殼後取出蛋黃搗碎，加入美乃滋拌勻，再加入切碎的蛋白備用。另一顆蛋打入碗中，打勻後備用。
2. 培根及火腿煎香後切碎，青花菜燙熟，小番茄切片後備用。
3. 馬鈴薯蒸熟後壓成泥，加入太白粉及些許鹽拌勻。
4. 在馬鈴薯泥中加入巧達起士，形塑成長條狀，均勻沾上麵粉、蛋液、酥炸粉。
5. 以中小火油煎馬鈴薯泥，煎至外表金黃。
6. 剖開煎好的馬鈴薯泥，鋪上蛋沙拉、培根與火腿碎、鮪魚、青花菜及小番茄，淋上些許美乃滋即可。

回到原點的誠實滋味

醫院附近有許多的美食，但除非是要看病探病，不然也不太會專程前往，所以每次吃到醫院旁的那些料理時，心理上幾乎也都不是真正的快樂，但或許也可以因為那些美味，稍稍減少了對生病的擔憂。

前些日子因為無來由的手麻及脊椎疼痛住院仔細檢查，在發作的當下，真的快要嚇死，從右手開始出現刺麻的狀況，不到幾小時，連左手也開始有相同的感覺，醫生告知如果要找到確切的原因，就需要安排磁振造影，和一系列的神經檢測；從出現不舒服的狀況到通知有病房可以入住至少等了快一個月，那一個月的時間實在是如坐針氈，手麻到連麥克風都握不穩，瓶蓋也沒辦法轉開；無論是躺平或是坐著站著，脊椎都一直非常疼痛，初期連睡覺都沒辦法持續睡上兩小時，就會被痛醒，連腿和腳都有腫脹麻的不適感。

為了能讓自己舒服一些，本來想詢問醫生是否可以服用一些止痛藥，或是可以施打

肌肉舒緩針劑之類的，但醫生擔心如果減緩了疼痛感，反倒令我疏忽了某處發炎或受傷的狀況，然後開始過度使用身體，反而不利治療。所以為了與痛麻和平共存，只能不斷喬出可以放鬆的坐姿和臥姿，讓自己至少可以連續睡上三個小時。

排到病房的當天下午，自己一個人待在房間，本來告訴自己就是來找到病因，然後可以對症下藥，可是突然心中湧起一股害怕及悲傷，因為入住的那個病房，和當年陪奶奶來做化療的房型一樣，躺在床上望著窗外的景色，也和當年一樣，而此時是自己躺在這裡。越想越止不住眼淚，此刻更能了解病人的心境，無論是自己和旁人的笑容或是加油打氣，似乎都沒有辦法抹去心裡對生病的恐懼，但又不想令家人擔心，只能強裝鎮定和積極。

沒有訂醫院的餐點，因為想在吃飯的時間可以出去透透氣，雖然病房裡很舒服，醫護人員都很親切，可是一個人待在房間裡就是會有莫名的沉重感。以前陪家裡長輩住院時，都會在附近買許多好吃的帶回病房，不管吃不吃得下，都希望他們能多吃一些補充體力，可是，現在輪到自己不舒服時，才真正體會到食慾是隨著心境的，見到平時喜歡吃的頓時一點也沒有胃口。穿梭在美食街裡，看到許多手上插著點滴針管的病友，低頭看看自己手腕，也有一根。突然大廳裡傳來歡呼和掌聲，原來是有某個國中的管樂隊來表演，大廳四周許多病友和家屬們停下腳步，我也站在一旁聽著，以往只是會覺得演出的真精彩，但現在身份不太一樣，是住院的病人了，心中更是多了感謝！謝謝老師及孩子們能為病人們帶來些色彩！因為手腕上卡著針頭，沒辦法用力鼓掌，但是我的眼淚傳遞了我深切的感動！

實在是沒什麼胃口，但又覺得必須多少吃一些，就在旁邊的川菜館裡點了炒麵，和一道香煎豆腐，配上一小盒他們特調的沾醬，走回病房打開餐點，為了不讓自己像病人，所以刻意坐在旁邊的沙發上。真的吃不下炒麵，即使裡面加了好多辣椒，反倒是想吃一些豆腐，不像平常一定要把豆腐浸在沾醬中，等整片豆腐包覆了醬汁再大口吃下，那天細細地品嚐了第一塊香煎豆腐的原味，好久沒有感受到原味的豆腐了，煎過的豆腐有鍋香氣，有豆腐本身的甜味，原來，身體不舒服之後，可以讓心理生理放慢下來好好感受；第二塊豆腐沾了特調的沾醬，有醋有香菜有九層塔有醬油有辣椒糖鹽麻油花椒油，各種調味品幾乎全到齊了，這個沾醬應該沾什麼都好吃！

住院的那些天，安排了好多檢查，抽血、觸覺測試、扎針測神經有沒有病變、磁振造影，幸好神經都沒有問題，醫生診斷應該是長期肌肉過度使用，產生發炎的狀況，需要長時間去復健，然後也需要開始加強肌耐力。

終於可以鬆口氣離開醫院，仗著年輕過度讓身體操勞，總有一天病痛是會反撲的！現在學到不要把什麼東西都扛在身上，身體會吃不消，包括責任也是，不要自以為做得到，適時地示弱和求援，不是因為軟弱，而是讓自己儲存更多的能量和氣力！現在一個人身體有點不舒服，沒什麼食慾的時候，就會煎個豆腐，替自己調個沾醬，提醒自己莫急莫慌莫恐懼，人生雖然不是什麼都盡如人意，不一定天天都能大嗑什麼豪華大餐，平凡的滋味反倒是最持久最踏實的美味！

酥煎豆腐佐香醋辣醬

材料

雞蛋豆腐……一盒
低筋麵粉……適量
麵包粉……適量
蛋……一顆

沾醬

蔥……一根
柴魚醬油……一大匙
白蘿蔔泥……適量
辣椒……一根
醋……一匙
糖……一匙

步驟

1 雞蛋豆腐切塊後，依序均勻沾上低筋麵粉、蛋液、麵包粉。

2 熱油鍋，以中火下鍋煎豆腐，煎到表面金黃即可，撈起備用。

3 轉大火，油炸剛剛撈起的豆腐，使其更酥脆後即可盛盤。

4 將蔥切成蔥花，辣椒切末，加入所有沾醬材料，完成！

不要同時煎太多塊豆腐，
會降低油溫，
表面炸粉容易脫落。

甜甜的初戀香味

車來了，看著公車站那條人龍魚貫上車，現在有了螢幕顯示到站時間，大家就不用再像以前一樣，伸長脖子查看自己要搭的車何時進站，也因為這樣，在等車的空檔更從容自在，可以玩手機、看書、吃東西、打鬧，和談戀愛。呵呵，這也是每次在等公車時，讓旁人「看好戲」的時刻。

他們，不同校，兩個可愛的高中生。會注意到他們是因為我們三人曾一起排隊買煎餅，當時的他們應該彼此不認識，但一定都知道彼此，畢竟我們幾乎每天差不多時間等車回家。我點的是草莓，老闆問：「再來呢？同學，你們要什麼口味？」他們異口同聲點的是香蕉，這樣的回答沒什麼稀奇，香蕉也不是什麼特別口味，但是老闆的回答就非常耐人尋味：「你們是一份一起吃嗎？」兩個可愛的小朋友臉瞬間都紅了！他們不認識啊，老闆叔叔！怎麼就這樣把人家湊在一起！可是，這一句超級無心的問句，就開啟了一段好可愛的 Poppy Love！而我，就眼睜睜地見證了這好萌的緣分。

那天起，小男生在等車時，都會看一下女生到了嗎？小女生也會假裝沒在關心男生是否存在，但餘光超明顯就在搜尋男生站在哪裡。他們兩個每天都有一些新的進展，

但都非常微小，也許是都不敢開口，又或者是附近還有很多各自同校的同學，讓他們對彼此有些卻步，在點煎餅時，依舊是隔了幾個人的距離，兩個人還是吃一樣的香蕉口味，當然是各吃各的。但是，就在那次「事件」之後，確定了兩人彼此的關係！

那天，男生沒有像平常那樣準時出現在站牌旁，女生也沒有像平常那樣假裝埋頭看書，而是四處張望，當然不是在看公車啦！是在看男生呢？怎麼還沒來？車快到了耶！隨著螢幕上公車即將進站的時間逼近，看得出來女生有點焦急。

車來了，大家魚貫上車，但女生遲遲沒有加入上車隊伍，因為，她在等他，可是男生還是沒出現，她只好拖著腳步，很有技巧慢慢地最後一個上車，也正巧在車要啟動時，紅燈亮了，司機也沒有把門關上，應該也是想趁紅燈時等有沒有乘客上車；綠燈了，司機準備關門，突然小女生大喊了一聲：「等一下，還有人要上！」這時，小男生三步併兩步地跑上車，小女生伸手拉了小男生的書包，怕他的書包被門夾住；小男生愣了一下，怯怯地說：「謝謝！」太可愛的瞬間了！整個公車上彷彿充滿了香蕉煎餅的甜味，香香酥酥，又新鮮！

這天休假，可以睡到自然醒，睜開眼時，已經快中午了，可是不想吃中餐，也許是覺得自己一個人吃有些寂寞。轉開電視正播著跟初戀有關的電影，然後，彷彿聞到煎餅的香氣，那就做份香蕉煎餅給自己吧！讓家裡也能充滿那種甜蜜蜜的氛圍！

季節水果薄脆煎餅

煎餅厚薄可在倒入麵糊時自行調整，但若太厚會不易摺成盒狀。

材料

低筋麵粉……100克　蛋……一顆
牛奶……300c.c.　鹽……一小匙
香蕉……一根　奇異果……一顆
蘋果……一顆　蜂蜜……適量
牛油……一小塊

步驟

1 將低筋麵粉及全蛋攪拌均勻，加入牛奶及一小匙鹽拌勻，完成麵糊。

2 平底鍋中加入牛油，倒入一勺麵糊，勻成圓狀，以小火煎。

3 成形前，將餅皮四周摺起成盒狀。

4 薄脆餅置入盤中，加入香蕉片、奇異果片及蘋果片，淋上些許蜂蜜即可。

我一個人，
餓了！

輯二

顧爐火的燉煮時光

點滴生活所寫就的私情書

如果不願意等待
怎麼能感受到時間積累下的美好
食材自顧自地在鍋中熟成 接著開始融合
打破彼此的疆界 醞釀絕對值得期待

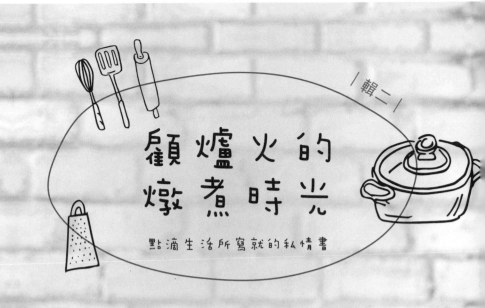

喜歡，就是記住對方愛吃的料理

出去吃飯時，會不會特別留意大家各自喜歡的菜色？尤其是喜歡的那個人最常點什麼？加辣嗎？醋呢？或是什麼辛香料不吃還是要增量？

那天去一間川菜館吃飯，看到角落是一群大學生，讓我覺得新奇。因為會來這類餐廳吃飯的，要不是和家人同行，就是上了年紀的三五好友。難得看到一桌都是這麼年輕的面孔，他們不嫌餐廳老派，聽他們的對話就是因為喜歡這家餐廳的老味道。

其中，有一個小男生的舉動，讓我實在無法移開偷看的目光和偷聽的耳朵。他一定是喜歡同桌的那個女孩兒——那位不是坐她旁邊，卻讓他時刻替她服務的女孩。當然，其他人也有受惠，但絕對是那個小男生「順便」而已。

當大家在討論菜單時，男孩兒聚集了所有杯子、碗筷，拿起衛生紙幫大家擦拭，但有一副餐具讓他擦得特別起勁。他詢問大家分別想喝什麼飲料，其實他的眼神是停在女孩兒身上。有人要芭樂汁，有人要柳橙汁，有人要可樂……女孩兒說她想要芭柳汁，大家笑她怪，但男孩沒多說什麼，幫女孩調了一杯。他替大家斟完後，放在轉盤上要大家自行領取，只有那副餐具，他親自端到女孩面前，還有那杯女孩想喝的芭柳汁。女孩兒應該感覺到了男孩的用心，但沒有特別表達什麼，只是露出笑彎的眼睛道謝，只是這樣的一個小表情，就讓男孩兒的耳朵發紅。

點餐了，服務生阿姨拿著手寫本走上來，像是媽媽般詢問每個孩子想吃什麼。大家七嘴八舌的點著自己想吃的，女孩兒發現男孩兒都沒點，把手上的菜單遞給他：「你要不要看看想吃什麼？」男孩兒眼睛亮了，但又有些害羞地說：「沒關係，大家點什麼我都吃！」女孩兒點了紅燒牛腩，正要說她的需求時，男孩兒開口了：「阿姨，麻煩要辣一點，然後給我們一份生辣椒醬油和一份蒜苗。」女孩兒驚喜地問：「你也喜歡蒜苗？你也吃這麼辣嗎？」「我吃小辣！」「可是……他們的生辣椒醬油很辣喔！」

「我知道，那是妳愛吃的！」

這個午後，明明是在川菜館，可是空氣中甜甜的。討厭，真是令人嫉妒！我也要來做個紅燒牛腩！多一點辣，不管身邊有沒有人這麼關心自己，都要多一點對自己的在乎！

紅燒牛腩

材料

牛腩……一條
番茄……一顆
薑……一塊
辣椒……五根
米酒……五大匙
冰糖……一大匙
辣豆瓣醬……兩大匙
蠔油……一大匙
洋蔥……一個
蒜……五瓣
蔥……一根
胡椒粉……些許
醬油……四大匙
八角……一粒
番茄醬……兩大匙

步驟

1. 將蔥、薑及兩匙米酒加入水中，汆燙牛腩條。濾掉肉沫之後，湯不要倒掉，牛腩切塊備用。
2. 油鍋爆香蒜頭，加入番茄塊、薑片、辣椒和蔥段炒香。
3. 加入醬油、冰糖、八角、三匙米酒及辣豆瓣醬、番茄醬、蠔油和洋蔥拌炒，倒入牛腩塊續炒至上色。
4. 倒入肉湯，大火煮沸後，中小火燉煮一小時，起鍋前灑上些許胡椒粉即可。

可以選擇油花較多的牛腩，
汆燙後不要切太小塊，
燉煮時才不會縮。

傳家的美食祕技

覺得自己很酷，因為只要會做菜，就可以常常被稱讚。這好像是很虛榮的心態，但是又覺得能被需要是很爽的！很喜歡可以大口配飯的菜色，因為看著別人大口吃，就有種很滿足的感覺，自己一個人吃，也覺得身心靈得到了款待。

因為喜歡自己做菜，所以到別人家吃飯做客時，就會進廚房一起幫忙，尤其喜歡膩在老人家旁邊，聽聽他們說起年輕時候的故事。當年是多麼辛苦打造這個家，怎麼認識老伴，或是聊起那些年少輕狂的荒唐歲月……老人家邊說邊做菜，他們可以一心多用，這時就可以在一旁偷師，看看蘿蔔是要怎麼滾刀切，醬油和蠔油是什麼比例，什麼時候加米酒才能有酒香又能去腥？糖呢？要炒過嗎？量是多少？老人家做菜是隨興的，才沒有用什麼量杯或量匙計算，每次詢問後得到的答案都是：「差不多啊，看喜歡鹹一點、淡一點，自己調整嘛！」所以囉，與其用問的，不如在一旁用眼睛做筆記！

超下飯的滷肉就是這麼學來的！那位奶奶說大家就湊合著吃，她隨便弄個滷肉，看是要吃麵還是配飯都可以……奶奶說的「隨便弄」，根本就是超級美味！只花了不到一小時，就把五花肉滷得非常入味，紅蘿蔔也軟嫩香甜。奶奶詢問大家要吃麵還是飯，結果現場的大人小孩都又要吃麵也要吃飯；一大鍋滷肉裡本來就有紅蘿蔔和杏鮑菇，奶奶又燙了些青菜和一人一顆水波蛋，這一鍋營養滿分，滷汁無論是拌麵或拌飯味道都棒極了！大家大口大口地吸麵、扒飯，完全沒空聊天，讓奶奶看了好開心！

站在老人家邊上跟著學，其實也是一種撒嬌的心態。小時候的我，就喜歡黏在大人身邊，可以當個小幫手，協助洗菜試味道，當好料出爐時也可以第一時間嚐到。長大了、工作忙了，能和家人一起吃飯的時間少了，更遑論可以一起做菜……想念小時候等著開飯的溫馨。

弄一鍋超下飯的滷肉，讓自己即使一個人，也擁有兒時親情的溫暖。不但可以晚餐吃，還可以隔天帶便當上班吃，讓幸福再多延續一陣子！

超下飯滷肉

煸炒五花肉時，鍋中不需放油，
否則會太過油膩。入油豆腐及水煮蛋一起燉煮，
可以放入油豆腐及水煮蛋一起燉煮，
超級下飯！

材料

- 五花肉……一條
- 紅蘿蔔……一根
- 杏鮑菇……三根
- 八角……一粒
- 醬油……五大匙
- 蠔油……一大匙
- 冰糖……三大匙
- 水……適量
- 米酒……兩大匙

步驟

1. 將五花肉切塊，紅蘿蔔及杏鮑菇滾刀切後備用。
2. 乾鍋將五花肉倒入煸炒，肉變色出油後，加入冰糖炒至上色。
3. 加入醬油、蠔油、八角炒出醬香，再倒入米酒。
4. 將紅蘿蔔、杏鮑菇、五花肉及醬汁倒入燉鍋。
5. 加入清水蓋過食材，大火燒滾後，轉中小火續滾四十五分鐘即可。

補身養氣的香味

就那麼突然的不舒服，讓自己都嚇到原來生病倒下說發生就發生，本來以為是個小感冒，工作忙根本沒時間掛號看病，買個成藥壓一下就好；沒料到因為平時身體健康底子才沒有自己想得那麼好，光是一個小感冒就能夠摧毀日常作息。

「健康第一」是總掛在嘴邊的問候，怎麼對於自己就不會這麼小心呵護，不僅是吃外食，而且是不正常飲食，有一頓沒一頓，如果實在餓了，只選擇自己喜歡吃的，又辣又重口味，蔬果量也不夠。日積月累下來，身體當然撐不住，只要小小的感冒，就變得很嚴重。

頭昏腦脹地在診所等著看診，此時的不舒服症狀已經不只感冒，連嘴邊都長了唇皰疹。虛弱地聽到隔壁的病患在聊天，那是一對小夫妻，帶著大概不到兩歲的小孩，聽得出來老婆有些情緒：「我們也有自己的生活要過耶，我們也會生病，小孩也會生病，而且還要存錢給她上學之後用吧！」老公沒有回話，輕輕地拍哄著懷中不舒服的小女兒，老婆繼續說：「我知道你孝順，你爸媽生病也是沒辦法，但是，需要錢的頻率也

太多了吧？我們不只要給他們生活費，還要負擔醫療費，你姊她們都不用管嗎？」

老公抱起女兒往外走，老婆口氣明顯兇了一點：「每次跟你講到這些你就逃避，不把話講清楚事情就會自己解決嗎？」在一旁的我聽了好害怕，替他們害怕，甜蜜的小家庭因為種種因素必須撇開一切浪漫回歸現實，這時，老公把女兒丟還給老婆，以為他要開罵，但卻聽到老婆的語氣軟了：「好啦！你不要這樣啦，看你決定要怎麼樣，我都會陪你！」是什麼原因，讓老婆的態度突然轉變？偷偷用餘光瞄了他們一下，原來，是老公哭了，他的臉脹紅，像個孩子一樣的大滴大滴的流著淚，但是沒有哭出聲，站在老婆和女兒面前的他，不是一家之主，哭成了個好令人心疼的孩子！

非常真實的日常對話，是多讓人害怕，老了病了孤單了，就會變成負擔，那真的要好好照顧自己，或者是要好好準備未來，不然，如果只剩自己一人，那……怎麼辦？老婆說的話完全沒錯，不是不孝順，而是也身不由己，老公的無話可說，也不是一意孤行，而是他的「負責」不就是父母期待的「養兒防老」嗎？

就是聽到如此活生生的警示，感覺就是要提醒不可以再浪費自己的健康！聽到護士喊了我的名字，乖乖地打了點滴，讓體力快速恢復。這次有乖乖地把藥全部照醫囑吃完，然後乖乖地執行養身計劃：第一步，就是要開始食補，為自己熬了一鍋香濃的雞湯，加了枸杞黃耆紅棗，讓自己也能被好好呵護。

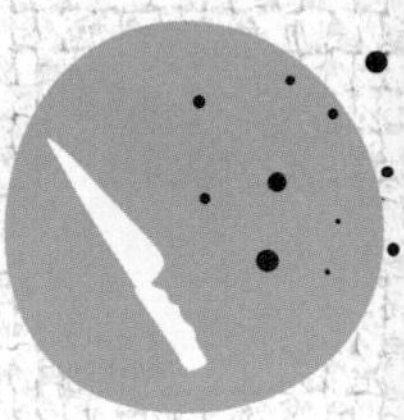

香濃雞汁湯麵

材料

雞……半隻
薑……一小塊
枸杞……一小把
拉麵……一人份
米酒……兩大匙
白胡椒……適量
大蔥……一根
紅棗……數顆
黃耆……一小把
娃娃菜……一包
鹽……適量

雞肉塊煸炒過，比直接下鍋熬煮味道更香。

步驟

1 將薑切成薑片，半隻雞洗淨剁成小塊。

2 冷水汆燙雞肉塊，加些許薑片、一大匙米酒去腥，燙熟後再次洗淨。

3 起油鍋，爆香剩下的薑片及大蔥，加入雞肉塊及一大匙米酒拌炒。

4 加入適量清水，大火煮沸，轉中小火熬煮三十分鐘。

5 加入紅棗、枸杞、黃耆繼續熬煮約十五分鐘。

6 加入些許鹽及白胡椒調味，續熬十分鐘。

7 燙熟娃娃菜及拉麵，注入香濃雞湯即可。

充滿度假歡樂的美味

有沒有哪道料理的味道，聞到就覺得心情很好。或者是哪道菜非常美味，但是，回憶卻令自己掉淚？

味道是可以立刻把記憶拉回來的！那年和一群很可愛的朋友去了首次造訪的地方，是個在海邊的風景區，幾百年前為了防禦建起堡壘，圍牆邊仍可以看到砲台，觀光客們在上方拍照留念，聽著海浪拍打，看著海鷗覓食，那是非常悠閒的午後，如此放鬆的旅程，和堡壘當年建築時的原意大相逕庭。

用巨石打造的堡壘十分涼爽，舒適的溫度就像是天然的冷氣，砲台內的通道及軍營空間，現今被改造成了異國風味的餐廳，走進堡壘沒有當年的肅殺緊張氛圍，反多了浪漫美味的風情。服務人員不僅介紹推薦的料理，還會跟大家分享相關的歷史沿革，有種穿越的感覺，彷彿也回到了當時的年代，在古蹟中享用美食。

因為是異國料理，許多辛香料及食材是平常較為少見的，也因為餐廳靠海，所以有許多的海鮮入菜。和好朋友們一起邊吃邊聊，還學了幾句和料理有關的外文，開心地暢飲各種不同的特色飲品，好棒的旅程。

當年一起同行的朋友，因為工作或是生涯規劃，大家都已不像當時可以常常見面約出遊，覺得好可惜喔！懷念那時雖然工作繁忙，但大家可以一起發洩壓力，一起互吐苦水，而現在只能偶爾傳傳訊息，還會擔心如果過多的關心會不會讓朋友有壓力。

那天下班，經過美食街，突然聞到那股很熟悉的味道，沒錯，就是當年大家一起在堡壘餐廳裡吃到的那道料理香味！回憶立刻浮現，點了一份之後，趕快拍照上傳群組，然後，群組瞬間恢復當年的熱鬧，大家七嘴八舌地聊起那次出遊的開心，有人上傳了那時搞笑的照片，和喝茫之後的糗樣，再次約好，要一起出去玩！

為了延續出遊的開心，想要把那些美食學起來，自己一個人時，也可以重現放鬆度假的氛圍。這個假日，這群好朋友雖然沒有辦法聚到一起，但是我們想了個好三八的方法，自己準備一道拿手菜，然後在中午時開視訊，大家一起吃飯。所以，我準備的就是海鮮香辣燉飯，大家看到都尖叫，罵我很壞，用美食撩大家，的確我就是故意的！希望大家再忙都不要忘了有彼此正關心著彼此。

海鮮香辣燉飯

材料

蛤蜊……數顆
透抽……一隻
蘑菇……八朵
蒜……三瓣
牛油……一小塊
白酒……兩大匙
鮮奶油……50 c.c.
巴西利……一小碗
胡椒粉……適量

蝦子……十隻
魚片……一片
洋蔥……一顆
義大利米……一碗
鹽……一匙
高湯……一大碗
起士絲……一小碗
檸檬角……數個

步驟

1 蛤蜊洗淨吐沙，蝦子剝殼去除腸泥，透抽洗淨切成圈狀。蘑菇剖半，洋蔥切丁備用。

2 油鍋爆香蒜末，放入蛤蜊、蝦子、透抽、魚片等海鮮食材拌炒，加入一大匙白酒。蛤蜊開後，將鍋內食材全部取出備用。

3 鍋中湯汁加入牛油及洋蔥丁，拌炒。

4 以湯汁將蘑菇炒勻後，加入義大利米，翻炒出香氣，再倒入一大匙白酒炒至略為收乾。

5 分次加入高湯，翻炒米粒。每次加入高湯都須不停翻攪至略為收乾，持續拌炒至飯熟。

6 加入鮮奶油拌炒，以些許鹽調味，盛盤。

7 將海鮮食材鋪在飯上，撒上起士絲、胡椒粉和些許巴西利，擠一些檸檬汁即可上桌。

如果不喜歡太硬的米粒，
可多加一些高湯，
以煨煮的方式煮飯。

上了年紀，仍期待被愛包圍

「老」很可怕嗎？是害怕健康每況愈下？容貌青春不在？還是孤單孱弱無人照顧？曾經，自己發想了「咕咾小姐」的稱呼，取自孤單和年華老去的涵義，也是代表某個年紀對未來的擔憂。雖然從事演藝相關工作，但從不覺得自己是所謂的女藝人，就是一般人，隨著歲月變化而存在著的一般人，坦然接受時間的流逝，欣賞年華在自己身上留下的美好痕跡。

幾次有機會跟著公益基金會到不同城市探訪，有次的主題是「老老照顧」，聽著社工講解現在已經邁入高齡社會，老年人口比例和新生代的出生比例越趨懸殊，這樣老化的社會現況，真的令人十分擔憂：未來年輕人負擔極重，老年人更煩惱醫療照護問題。那天，探訪的對象是一對老夫妻，「老老照顧」的家庭是基金會提供服務的主要對象，中午前抵達阿公阿嬤家，那是一座三合院，擺設和格局都看得出曾經風光熱鬧的痕跡。現在僅剩老夫妻平時相依為命，孩子們都離家出去工作，過年過節才有可能返家團圓。阿公因為生病行動不便，只能總是待在屋裡休息，阿嬤親切好客，看到我

們就一直不停道謝。

想要和阿公阿嬤一起吃午餐，我前一晚先做好了一些燉菜帶來，可是阿嬤擔心大家吃不夠，還要弄幾道她的拿手料理給大家嚐嚐。跟著阿嬤來到她的小菜圃，她開心介紹裡面的青菜是自己種的，沒有灑農藥，想吃的時候就來採摘，健康又新鮮。阿嬤要幫我們加的菜是蔥蛋，本來大家婉拒她的好意，因為我已經做了二十顆茶葉蛋，可是阿嬤說那是她的獨門料理，要讓我們嚐嚐。她從小菜圃裡現拔了幾株青蔥，洗淨之後切成細段蔥末，我在一旁打蛋並且下油熱鍋，以為就像是我們平常煎蔥蛋的做法，把新鮮蔥末拌入蛋液中，調好味之後下鍋——但是，阿嬤是把蔥末先下油鍋炒香，然後再撈起蔥末倒入蛋液中，不是加鹽而是加入醬油拌勻，阿嬤邊攪拌邊笑說，這是她的孫子們最愛吃的，這樣的蔥蛋才香！然後，阿嬤在鍋中加入豬油，下鍋煎蛋——真的很好吃，除了是阿嬤的獨家料理，更有阿嬤疼愛家人的美味心意！

那天中午，除了八十歲的阿公阿嬤一起吃飯，他們還邀請了隔壁九十多歲的嫂嫂，幾位老人家吃得好香，阿公話不多，但是感受得到他心情很好，阿嬤說阿公好久沒吃那麼多了。兩位阿嬤一直謝謝社工人員及我的採訪，她們有些感慨，因為覺得年紀大了，好像都成了年輕人的累贅；有時去買東西，只是想和年輕人聊個幾句，都感覺到對方很不耐煩。吃完午餐之後，問問老人家們平常喜歡唱歌嗎？然後，他們開始唱起了「愛拚才會贏」，緊握著我的手說真的很謝謝，又喃喃地說著不知道我下次再來玩時，他們是不是還在，這些話令我好感動又好感傷。

之後，又有個機會去探訪獨居的老奶奶，去之前知道她想吃雞肉，喜歡吃洋芋和芋頭，那天中午我弄了一道「雙芋燉雞」，特別選擇雞腿肉，比較嫩好入口。老奶奶家中有許多字畫，那是老爺爺在世前收藏的作品，老奶奶年輕的時候也喜歡畫畫和刺繡，看她分享的畫作，讓我很興奮，因為我也好愛畫畫，更嘗試在口罩套上縫一些可愛的圖案。老奶奶說現在年紀大了，眼睛不行了，別說是畫畫刺繡，就連想自己弄點吃的都很困難；她感嘆地說自己福薄，沒能生出孩子，現在是還能自在走動，等再過一陣子，可能就要住進安養中心，不然自己倒在家裡都沒人知道。那天中午，陪著老奶奶一起吃飯，她好喜歡燉得綿綿的洋芋和芋頭，配上醬汁，笑著配飯吃。奶奶邊吃邊叮嚀我：「小姑娘啊，不要仗著自己還年輕就不去管老了之後的自己喔！一切都要有準備，不管是錢還是心！」

「老」多可怕啊！幸福無憂又兒孫滿堂的老齡生活，就像是中樂透般令人期待又遙不可及，如果正年輕的我們可以早點開始規劃上了年紀的生計，如果正年輕的我們可以多為擔心受怕的長輩提供充分的安全感，如果正年輕的我們可以號召更多願意護老敬老惜老的朋友一起加入——那，如果我們老了，這股善和愛的循環依舊不斷，「老」又能多可怕呢？老人家反倒成為最受關注，充滿有趣回憶的故事書啊！我們，還年輕，就用年輕人的能力，提供無私的愛吧！

中午，我為自己做了一道「雙芋燉雞」，配上一大碗白飯！開動之前，我先閉上眼睛感受現在的年紀，與其每一天無謂的恐慌，不如把每一天過得更紮實。為了年老後能有適當的照顧，在經濟上就必須自立，以防在醫療照護和生活起居上，讓家人太過操心，所以從年輕時期，就已經開始規劃退休之後的財務。但是一直都覺得幸福是可以自己決定，所以覺得不管是幾歲，或者是否單身，在經濟的計劃上，從剛開始工作時，就已經有規劃財務，正向開心地去享受生活，感受每一天在生活當中的新事物小細節，即使上了年紀，也能夠因為學習到新知識而開心。

雙芋燉雞

材料

芋頭……一顆
雞腿……一隻
蒜……五瓣
醬油……一大匙
鹽……少許
水……適量

洋芋（馬鈴薯）……一顆
蔥……一根
薑……一小塊
冰糖……一匙
辣椒……三根
米酒……一匙

步驟

1 雞腿切塊，蔥切段，薑切片備用。
2 油鍋爆香蒜頭，加入蔥段及薑片炒香。
3 加入雞腿塊煸炒，倒入醬油和冰糖炒出醬香，再加入米酒及些許鹽。
4 加入芋頭塊、洋芋塊及辣椒拌炒。
5 加水蓋過食材，大火煮沸後，中小火繼續燉煮至湯汁略為收乾即可。

芋頭及洋芋不需要先蒸，
也不要切太小塊，
以免太軟會散在鍋中。

老少咸宜的質樸開胃菜

從小，就很喜歡和爺爺奶奶這些祖字輩及小小孩們相處，也許不是同一個年齡段，不會有比較和評價的紛擾，可以暢所欲言，可以盡情撒嬌，可以不要裝堅強。

小時候很愛聽大人講話，覺得新奇，像是在聽廣播劇一般！而且，當大人為了不讓小孩聽到一些祕密，就會換個語言，或是使用暗號，剛開始的確聽不懂他們刻意隱藏的重點，但是聽了好多次之後，漸漸地學會了他們說的另一種語言；此時，還要假裝不懂，以免被罵，不然就沒有機會再待在他們身邊聽故事。有次不小心露餡，因為大人講到一半，忘記了上次講到的某個重點，在角落的我一時嘴快，說出了解答，大人驚覺我居然有在聽！之後，當他們聚在一起聊天時，講到什麼什麼，就彼此附耳更小心地說。當時，我才中班，到現在都懊惱應該控制自己的嘴，不然可以學到更多！

因為很能讀懂大人的臉色，意思就是，很會察顏觀色，知道何時說了什麼、做了什麼可以討大人的歡心。比如，大人在生氣時千萬不要多話，帶著弟弟妹妹去房間玩，或是在客廳寫功課，讓大人明顯看到自己是個乖小孩，這樣不但不容易被遷怒，還可

以獲得小獎勵。所以囉，當乖小孩福利多多呢！一直告訴身邊的小小孩，想要得到禮物，不要只是哭和耍賴，要用頭腦！「愛哭的小孩有糖吃」，這句不一定完全同意，曾經因為哭而受罰，反而覺得機靈的小孩不討打！

和小小孩相處更是不用心機，只要恩威並施，需要他們聽話時，更要把他們當大人看待，因為我們在小時候也都覺得自己是大小孩了！馴服小小孩有一些屢試不爽的招數，就是倒數計時、看誰第一名、最乖的有獎品……然後，必須分別跟每個小朋友聊天，讓每個小孩都可以感覺到自己是無可取代的存在。當然大人一定比較偏愛哪個孩子，但是在孩子面前真的必須盡可能展現公平，如此才能在照顧孩子時更省事省心！

有次誇口說要做一道菜給大人和小孩配飯吃，要兼具大人小孩的口味頗不容易，口感不能太硬也不能太軟，味道不能辣也不能太甜，被等著看的心情好緊張，尤其是那些超會做菜的大人，一人一句說要看我是不是真的長大了，可以掌勺了？思尋著不能炫技，因為一定會被笑，又不會做功夫菜，然後覺得質樸的味道才是家常的美味，打開冰箱看到裡面一盒豬絞肉、幾顆牛番茄和嫩豆腐，都是常備的食材；然後，就開火爆香，做了一道茄汁豆腐肉末煲，讓牙口不甚利索的大人小孩都可以大口地配飯配麵。

現在一個人不知道該吃什麼，就會來一道茄汁豆腐肉末煲，不到十分鐘就可以上桌，熱呼呼的，再多加一些花椒爆香，外加兩根小辣椒，就是好爽的一頓。

茄汁豆腐肉末煲

材料

番茄……一顆
絞肉……100克
蔥……一根
薑……一小塊
糖……一匙
太白粉……一匙
雞蛋豆腐……一盒
青江菜……一把
蒜……五瓣
醬油……一大匙
米酒……一匙

絞肉煸炒後香味十足，
盛碗後，
可淋上些許辣椒油，
更加開胃！

步驟

1 絞肉加入醬油、米酒，稍微醃製。太白粉加水，調勻。

2 番茄切丁、雞蛋豆腐切小塊、青江菜切小段，切蔥末、薑末、蒜末備用。

3 將蒜末爆香，放入蔥末及薑末炒香，加入絞肉炒至變色後，將番茄加入炒出茄汁。再將豆腐放入，倒入醬油及糖調味。

4 倒入清水蓋過食材，水滾後加入青江菜，再倒入些許太白粉水勾芡即可。

自己替自己準備，熱騰騰的幸福

嚇死我了啦！鬧鐘怎麼沒響？眼睛一睜開，抓起手機一看，已經快十點了！像是失心瘋一樣邊尖叫邊在房間亂竄！現在是要先洗臉刷牙？還是要先尿尿洗澡？還是要拿起包包和電腦就往外跑？

等一下！今天是星期幾啊？噗～唉喲！今天是星期六啦！平常壓力是要有多大？才會如此驚慌失措！

噗，笑了！在半開的大門前，看著穿衣鏡裡的自己大笑出來！鏡中的自己披頭散髮又衣冠不整，然後，笑著笑著，就哭了。因為，突然湧出一種好孤單的傷心！

好討厭週末仍是自己獨自一個人。好想在週末可以有人一起去吃早午餐，去巷口的早餐店，或是特別約去美式餐廳，或是，在家一起吃！好啦！反正是自己和自己說話，那我就誠實吧，就是好希望有人可以為自己做一頓早午餐，像以前那種，被互相喜歡淹沒的那種，像以前可以耍賴撒嬌的那種。

可是，現在我又是一個人了！沒錯！就是不知道要跟誰說早安的一，個，人！曾經的我週末是浸在幸福中，累了一個星期，週末可以睡晚一些，好喜歡假裝還很睏，賴在半夢半醒間被香味叫醒的感覺。廚房裡傳來滋滋的炒菜聲，而我就這麼躺在床上，用被子矇著頭，用耳朵聽就可以知道廚房的一舉一動！喜歡吃辣，也喜歡蒜，喜歡大口吃肉，喜歡……精心為我準備的美味！是我太揮霍那些美好的週末嗎？當時以為還有很多很多……很多那麼幸福的週末，才會……不餓就不吃，不哄到開心就不起床。真的，節儉是美德，不單只是指金錢，對於別人的感情，也不能浪費！

如果現在後悔了，那一切，還可以再來一次嗎？

反正都已經起床了，拿了購物袋往市場走去，去逛逛傳統市場吧，阿伯阿姨們的好客，也許可以讓週末沒那麼寂寞。沒有拖菜籃車，就扛著兩大袋菜悠悠地晃回家。每天趕著上班，根本就來不及觀察街道上的變化，原來那家蚵仔麵線不見了耶，那家西瓜汁老闆應該是退休了，因為換成另一個年輕男生在賣，那棟大樓的店面本來是日本料理，怎麼又換成義大利麵餐廳？隨著日子一天天地過，看似不變的生活，其實充滿變化。

手臂上被沉沉的袋子勒出好幾條痕，現在感覺到了！當時應該就是這種充滿疼愛而不顧辛苦去準備週末的美味，唉……早知道，就不能那麼任性地只是等吃，應該要幫忙洗洗刷刷，不然也應該摸摸秀秀那些被油濺到的小傷口，才不會現在獨自在廚房裡，強烈感受心口上好不了的痛。

自己吃飯，應該要一道又一道？還是全部放在一鍋就好？是不是應該把菜擺得很漂亮，拍幾張照片？然後發在朋友圈讓大家來誇獎我的廚藝？算了，別了吧！發了文之後的下場就是引來大家轟炸式的問候：「最近好嗎？交新對象了嗎？工作如何？」就踏踏實實，自己陪自己吃一頓美味的孤單吧！

被窩裡就像是時光機，連空氣都變得暖了起來，躲在裡面假裝還在從前！好想大哭喔，可是都過了那麼久，哭屁啊？而且明明是自己放棄的！但是不哭，是不是會憋出什麼問題？那哭一下下好了，哭到煮好就不哭了！

這鍋好漂亮，那麼豐盛的早午餐，光是用看的就覺得好爽，先舀了一大碗湯，熱呼呼地把眼鏡都弄濛了。不想擦眼鏡，因為想這樣霧霧地享受自己替自己準備的幸福。也太好喝了吧？簡簡單單的做法，就像店裡賣的一樣美味，但是只花了不到三百元，就是一道紅燒肥腸煲！

這一鍋夠我吃一整天了！然後我要在裡面加牛肉片，加粉絲，加豆腐，加蛋，加⋯⋯自己的勇敢！過了週末，要獨立！一個人真的不是那麼開心，但是如果可以因為一個人，而學到珍惜，那這段孤單就值得了！

紅燒肥腸煲

材料

大腸頭……一條
老豆腐……兩盒
辣椒……一根
酸菜……一塊
蒜……五瓣
豆豉……一大匙
冰糖……一大匙
蠔油……一大匙
萬用滷包……一包

五花肉一條
蔥……一根
九層塔……少許
洋蔥……一顆
薑……一小塊
醬油……兩大匙
米酒……一大匙
辣豆瓣醬……一大匙
白胡椒……些許

步驟

1 大腸頭洗淨加鹽、米酒半匙，汆燙後切段備用。蒜、薑切片，酸菜切末，洋蔥切絲，五花肉切塊備用。

2 油鍋爆香蒜頭、辣椒、薑片、洋蔥，炒出香氣後，加入肥腸與五花肉拌炒。

3 加入醬油、冰糖、蠔油、辣豆瓣醬、白胡椒、米酒半匙，拌炒均勻。

4 倒入清水及滷包燉煮，大火煮沸後，加入老豆腐，中小火續燉三十分鐘。上桌前，加入九層塔及酸菜末增加香氣即可。

可加些許太白粉水勾薄芡，
又或者可當湯底，加入肉片、
熟豆皮也非常美味。

適合體力活的早餐

好喜歡早餐就可以吃得很飽，尤其喜歡有熱湯，有飯，有配菜，可以大口大口，不用擔心發胖地吃。有段時間為了工作被要求瘦一點，所以在用餐時間，都有工作人員善意的目光提醒不要過量，但早餐就可以盡情享受、大快朵頤！那時就會期待很早的班，比如七點要出門，就會在五點就起床，梳洗之後，大概在六點左右，悠閒地享受早餐。

當時住的飯店是在外縣市，當地人好像也都很早起床活動，所以即使才六點，早餐店內已經大概有五分滿的客人，有學生、有上班族、有晨運的阿公阿嬤，一大早就人聲鼎沸。雖然只是吃個早餐，但彷彿就像觀光客一樣，偷瞄大家都點了些什麼，因為菜單上都是很正常的餐點；看見大家的桌上好像都有一碗粥，可是初造訪的我不知道什麼才是招牌，只是希望能喝到熱湯，所以沒有點那碗粥，而是選擇了海鮮湯，湯頭真的很棒，好像是加了很多白胡椒，喝來有種微辣的舒服，又加點了一些油豆腐、燙青菜，早餐吃這樣實在好滿足。

一連去了好幾天，發現幾乎都是回流客，還有許多運將大哥，感覺這間外觀看似鐵皮加蓋、沒有特別裝潢的早餐店，應該是在地隱藏版美食。原本只是想在便利商店買個熱食解決早餐，居然就這麼誤打誤撞地發現了它，沒想到可以發掘到當地的祕境美食。

老闆和老闆娘，兩人分工合作，將客人的餐點送上桌，掀蓋快速舀湯的動作超流暢，那大鍋裡應該是熬製多時的湯底，看著其他客人大部份都是點粥，也跟風想試試味道。那碗粥裡有豬肉末，幾顆蛤蜊、魚片和小卷，還有小白菜，就是很豐富的一碗海陸粥，真的覺得早上來這樣一碗，整天的精力都有了！

結束了當地的工作之後，想再重溫當時清早的好心情，買了海鮮及肉類等食材，嘗試自己熬煮湯頭，再加入不同的蔬果，讓湯頭更鮮甜。真的覺得早餐就是要吃得這麼狂，讓餓了一夜的身體，能夠暖呼呼地繼續對抗工作的壓力！

時蔬海陸粥

材料

鯛魚片……兩片
蛤蜊……數顆
蝦米……一小把
小白菜……一包
紅蘿蔔……四分之一根
蛋……兩顆
薑……一小塊
糖……一匙
白胡椒……些許
小排骨……100克
小卷……一隻
白蝦……八隻
香菇……五朵
芹菜……一根
蒜……兩瓣
鹽……三大匙
米酒……一匙
白米……半杯

步驟

1 小排骨汆燙去肉渣，蒜、薑切末，紅蘿蔔切片，小白菜切小段，香菇切絲，芹菜切末備用。

2 油鍋爆香蒜末、薑末，加入紅蘿蔔片、香菇絲和蝦米炒香。

3 加入小排骨、小卷及米酒炒香。

4 加水蓋過食材，倒入白米，大火煮沸後，中小火續熬。

5 米粒煮熟後，加入蝦子、蛤蜊、鯛魚片和小白菜燙熟。

6 加入些許鹽、糖及白胡椒調味。

7 起鍋前倒入蛋液，再撒上芹菜末即可。

蛤蜊及魚片不要太早放，
食材容易過老。

我一個人，
餓了！

｜輯三｜

炸物，暖暖

即使厭世，
還是想被香氣療癒

瞬間燃开的溫度 鎖住最初的美味
看似酥硬的外表 卻擁有著軟嫩的肉餡

有的時候
生活會突然有種一見鍾情的迸發

餓了，就好想吃奶奶的菜

我好想您喔！已經十年了，如果現在您還在，看到我會做菜了，您會誇獎我？還是會忍不住糾正兩句？但我知道，您一定是會又挑剔又把我做的吃光光。

多幸運的我們啊！有這麼會做菜的奶奶！當年家中每天至少有超過十個大人小孩一起吃飯，到了假日叔叔、阿姨們都回來的話，奶奶家就像是飯館般不停出菜，而且道道都是大菜！珍珠丸、梅干扣肉、佛跳牆……當開飯時，每個孩子就會捧著碗添好了飯，站在桌邊等著，大人會依序替孩子們夾菜，然後小孩們就會集中到客廳小桌子區一起吃，又喜歡全家人一起相聚的時光。

奶奶個性急，她買菜做菜都非常有效率。除了豪華的大菜之外，全家人想念奶奶時，掛在嘴邊的是她的蔥花麵。以前問她怎麼做，她都說：「隨便做！」

也是，看您就是把白麵煮熟撈起，隨便加點醬油再灑點蔥花，但我想，那碗蔥花麵絕對不是那麼簡單，重點不是食材手法，而是您對孩子們的愛；把大家喊起床洗臉刷牙換衣服上學，早餐一定要熱熱的，身體才會暖暖的！所以，我們吃的不只是麵，而是一碗滿滿您

的愛。一碗蔥花麵加個蛋，就讓全家人懷念至今，我們所有人想要複製都做不出您的味道！

奶奶也好愛看美食節目，她會看完之後，就立刻買食材回來試做，甚或改良。有天下課，還沒到吃飯時間，但孩子們餓了，奶奶就說先炸幾個春捲給你們墊墊肚子，不到十分鐘，現炸的春捲上桌，一咬下的那刻，春捲外皮酥脆，而裡面又充滿香甜的肉汁，奶奶在裡面加了豆干、嫩韭黃、豆芽、肉絲，她先把料炒好，只要想吃，再現包現炸。真的是非常非常爽口的春捲。

以前上班好忙好忙的時候，當您打電話來時，招呼也不打，什麼都不先說，因為怕我回應「在忙！晚點講」，您就用超快語速喊著：「有炸春捲！回來吃喔！」多饞人的引誘啊！我就會大笑之後，然後回您：「好！五根！」您也笑了！

時間好快，一轉眼就十年了。當時您的最後一個擁抱是給我的，插著鼻胃管和氣切管的您沒辦法說話，使了眼色要我過去，然後，伸手抱了我，我們倆個都一定以為那就和平常抱抱撒嬌一樣啊，我拍拍您的背，發現您的背都是汗，應該是剛剛要插管的時候太緊張，給嚇出的汗吧？我拿了毛巾幫您擦乾，然後，您又抱了我也拍拍我，不就是這麼日常的我們嗎？沒想到是最後一次了。

現在，我好想吃春捲喔！奶奶，我把炸春捲的料和春捲皮都準備好了！今天中午，有炸春捲！回來吃喔！

炸春捲

可再加入蝦漿及絞肉，口感更豐富！

材料

豆干……半斤
豆芽……200克
潤餅皮……一包
糖……一小匙
蒜泥……適量
米酒……一大匙
嫩韭黃……一把
豬肉絲……半斤
醬油……一小匙
鹽……適量
香油……一小匙
白胡椒……適量

步驟

1 將豆干切絲、嫩韭黃切段，豬肉絲加入醬油、米酒抓醃備用。

2 起鍋爆香蒜泥，將豆干、嫩韭黃、豆芽、豬肉絲炒香，再加入糖、鹽、香油拌炒，起鍋前撒些許白胡椒。

3 將炒熟的食材包入潤餅皮中，沾水封緊。

4 熱油鍋，約160度小火慢炸，上色即可。

有著遐想記憶的半熟香氣

超喜歡吃炸蛋餅！因為喜歡脆脆的口感，喜歡半熟的蛋黃，喜歡沾醬的香氣，又或者是回想起當年的稚嫩心情。

第一次吃到炸蛋餅是一次配音工作結束之後，那時我大學快畢業，想要找和媒體傳播有關的各種工作，在報紙上翻找著徵才的小廣告，看到應徵「配音員」幾個字時，就立刻打電話去詢問相關資訊。之後被安排去面談，依稀記得那間公司臨近夜市旁，在一座橋邊的公寓，走進大門後沒有電梯，爬了幾層之後有點喘。工作人員拿了面試表格給我填寫，上面有一欄是「是否接受和客戶直接溝通」，看到這題問答令我有些疑惑，工作人員進一步解釋說如果正式開始工作之後，是不是可以接受和客戶直接對話，一開始並不十分了解實際工作內容的我，當然覺得沒問題。

接著就是進到錄音間試音，拿到的配音稿子內容好像是要介紹收費價格。第一次試錄的時候是用我理解的方式配音，但是工作人員希望我再溫柔一些、撒嬌一點，經過調整之後接續配了三、四次左右，工作人員表示我被錄取了，下一次的工作時間他們會電話通知。有些不好意思啟齒，但又希望知道薪資是如何？工作人員說初期每次配音費用是一仟至一仟五不等，要依照稿子內容的篇幅而定，基本上四句話以內的費用是一仟元，超過六句話以上就會調升工資，未來如果可以和客戶直接溝通時，費用是以秒計費。

那天晚上，穿過了橋去夜市旁等公車，心情非常雀躍，因為這次配音的工資，對當時還是學生的我而言，真的超乎期待，而且第一次面試就被錄取，更是備受肯定！在公車站旁有個攤販前大排長龍，招牌上寫著炸蛋餅，從沒吃過，若照平時的我是不會跟風和湊熱鬧，可是當時心情太好，就跟著人龍一起等待想試試炸蛋餅到底有多好吃。終於排到了，買了兩份，大辣，一口咬下咔嗞作響，實在是太驚喜的味道，再多吃幾口後，咬破了中間的半熟蛋，蛋液浸潤了蛋餅，配上老闆調的辣醬，好過癮！

之後，果真接到了工作人員的電話，開始了我的配音工作，每次結束配音都是立刻拿到薪資，不會被拖欠，覺得做自己喜歡的工作是多幸運啊。因為是剛開始加入他們的團隊，所以負責的內容是一些類似像開場白的台詞，有次結束配音離開時，聽到另一間小房間傳來撒嬌的嗔笑，然後看到一個肉肉的女生拿著電話說著讓我好害羞的內容，像是「唉喲，人家不敢啦，討厭，叫我小草莓就好，這樣人家很緊張耶……」這些對話，這種方式，令我有些疑惑，但也不敢詢問工作人員。回程搭公車時，我依舊會買兩份炸蛋餅，味道沒變，但我的心情有些改變。

對於這份工作的疑問，在忘記第幾次配音時終於得到了解答，原來，這真的是媒體上說的那種情色電話。之前詢問是否可以直接和客戶溝通，指的是要在電話接通之後，和客人聊天，感覺就是電話情人那般，然後，原來配音時要求語氣更嬌柔、更撒嬌就是要讓客戶開心；然後，用字要盡可能曖昧，搔到電話那頭客戶心裡的癢處。知道實情之後，真的令我嚇了好大一跳，因為稿子內容越來越鹹濕露骨，完全超出我可以勝任的範圍，於是婉拒了之後的工作邀約，那天是最後一次配音，依舊買了炸蛋餅。

過了這麼多年，接過無數類型的配音工作，但那時另類的配音經驗，對我來說依舊非常驚奇。經過那個夜市時，那家炸蛋餅已經不見了，只好自己做，不小心被油噴到，「啊」的一聲，自己都笑了，因為完全符合當年工作人員要求的嬌嗔！若是現在的我，一定會繼續那份配音工作，直接和客戶溝通聊天也一點都不是難題，原來上了年紀，臉皮的確厚了許多，心中對於矜持的界限也和年輕時一點也不再相同！

可是，對於美食的慾望是一樣的！炸蛋餅，還是好喜歡，每次咬下之後，餅皮香脆，沾醬和蔥油餅完美融合，嘴邊殘留的蛋液，這就是好吃的證明，除了好吃，炸蛋餅還令我有些遐想。

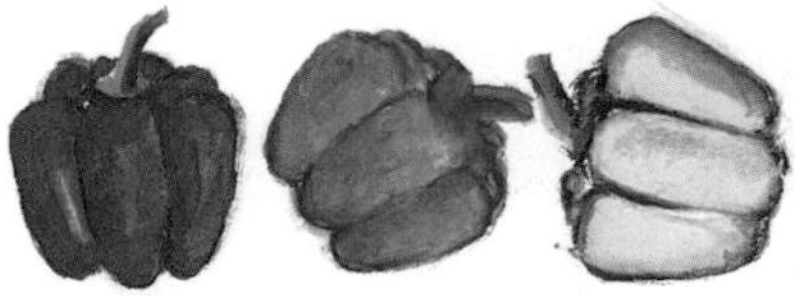

炸蛋餅

材料

- 中筋麵粉……四杯
- 熱水……150克
- 冷水……100克
- 鹽……兩匙
- 青蔥……三根
- 蛋……四顆
- 胡椒粉……半匙
- 沙拉油……適量

沾醬

- 蒜泥……一大匙
- 醬油膏……兩大匙
- 蠔油……一大匙
- 醬油……一大匙
- 糖……一匙
- 冷開水……兩大匙
- 辣椒……一根

步驟

1. 將麵粉跟鹽和勻，加入熱水攪拌，再倒入冷水攪拌，攪拌至麵糰沒有粉即可。麵糰抹上沙拉油，蓋上濕布或是保鮮膜，靜置約莫一小時。
2. 當麵糰醒好後，切成四等分，將小麵糰塑形滾圓。蔥切成蔥花備用。
3. 桌上可抹少許沙拉油，將小麵糰壓平再擀開，在麵皮中撒上胡椒粉及蔥花。將麵皮捲起來之後，盤成圓球，再擀成圓餅。
4. 麵皮入熱油鍋，以中小火炸至兩面金黃，起鍋備用。
5. 在油鍋打入雞蛋，將炸好的蔥油餅鋪在蛋上，略炸十秒。起鍋，淋上拌勻的沾醬，即完成。

蔥花切成小細末，
可先加入香油、鹽、胡椒調味，
不沾醬的炸蛋餅也非常好吃。

美食是用來慰勞自己的

「知道妳是龜毛的人，但沒想到妳比龜毛還要龜毛……」

長大後，在要更進一步認識新朋友之前，我都會先把話說白，然後再三提醒我是討厭鬼，把自己的怪個性完全先攤開給對方知道，如果能夠接受得了，再繼續彼此的緣份。因為我怕失去，所以不想投入感情之後，才開始發現我是個怪人，然後又要經歷傷心失落的過程，寧可誠實敞開自己的缺點。可是，有時不是把話聽明白了，就代表對方可以受得了，必須真實地遇到狀況或是經過朝夕相處之後，才能判定是否可以成為雙方重要的人，所以啦，真的實際和我相處之後，就會發現我比想像的更龜毛。

當然也會希望有人陪，希望做飯給喜歡的人吃，希望有志同道合的朋友一起出去玩，孤單的確很可怕，可是勉強和不適合彼此的人在一起更可怕。以前很怕自己一個人住外面，如果是出差工作必須自己一個人住時，都會把房間的燈打亮、把電視開著才敢入睡，但年紀大了之後，開始逼著自己要勇敢——要勇敢踏出舒適圈，要讓自己出去

不同。

走走，更認識各地大城小鎮，雖然勇敢的進度不快，但慢慢地慢慢地也要讓自己變得

然後，開始規劃一個人的旅行，在生日當天，自己一個人飛去離島，自己去浮潛，自己去海邊走走，自己去拜拜，自己訂票訂房訂餐，而且，甚至還自己租車騎車，這些是以往絕對不敢的！可是，如果可以勇敢面對自己，那就更不可以讓自己困在情緒中，反正認清要找到剛好的互相喜歡很難，那就先好好喜歡自己吧！

小時候的興趣是什麼？長大後實現了嗎？小時候好喜歡畫畫，現在我隨時都可以用畫記錄生活，小時候好想學會任何一樣樂器，現在去旅行的時候，會帶上葫蘆絲或是巴烏，類似笛子的樂器，然後在不同的景點吹奏一小段。

開始有寫下這本書的契機，是因為某天客戶突然取消了會議，那就提早下班吧。那天下午還很早，還不到吃飯時間，在路上閒晃著，想吃點什麼，但不太想外帶餐點回家，因為想要熱騰騰地直接吃，也不想一個人在小火鍋店和對面客人四目相交尷尬吃飯，很想吃牛排，可是每次自己一人走進餐廳時，都會有些小尷尬，因為當店員問幾位，聽到只有一位時，他們的表情都會令我有些不自在。

那就自己弄吧，一個人吃飯，也可以吃得很爽。

很少在平日下午四點逛超市，光是看到各色滿滿的食材就興奮。想回家挑部一直沒空看的影片，然後喝個兩瓶啤酒，泡個熱水澡！這麼爽的小時光，應該弄些什麼吃才好呢？感覺必須配個好吃的炸物！打算幫自己營造個微型電影院的概念。挑了馬鈴薯、白蝦、小番茄、蘿勒生菜、玉米粒、美乃滋，想做個炸蝦球配沙拉。

「我一個人，餓了」，是那天晚上的心情，想把自己吃飯的心情記錄下來，也想記錄下讓自己有特別回憶的菜色。

一個人吃飯，不難，難的是常常忘了好好享受自己獨處的時刻。

炸蝦球沙拉 獨享餐

材料

馬鈴薯……兩顆
小番茄……十顆
蘿勒生菜……三束
美乃滋……50克
薑絲……少許
米酒……少許
太白粉……一匙
麵包糠……100克

白蝦……十隻
洋蔥……四分之一顆
玉米粒……三勺
蒜……四瓣
鹽……少許
檸檬……一顆
蛋……兩顆

步驟

1 馬鈴薯切片，放入電鍋約莫十分鐘蒸熟。將檸檬擠成檸檬汁，蒜壓成泥，洋蔥切末備用。

2 將蒸熟的馬鈴薯片搗成泥，加入少許鹽調味，加入一匙太白粉拌勻。

3 白蝦去殼留尾，加入少許鹽調味，少許米酒與薑絲醃製十分鐘。

4 以馬鈴薯泥包覆白蝦，塑形成球狀，沾上少許蛋液後，包裹上麵包糠，起油鍋約100度，下鍋小火油炸五分鐘，起鍋瀝油即完成。

5 將美乃滋加入10 c.c.檸檬汁及少許鹽調味，加入蒜泥及洋蔥末拌勻，即完成沾炸蝦球沾醬。

6 小番茄對半切開，蘿勒生菜洗淨瀝乾，將炸蝦球盛盤，加入玉米粒擺盤裝飾。

難忘兒時的平實甜點

在眷村長大，所以總能品嚐到各家媽媽、奶奶的家鄉菜，大家互相交流手藝，彼此學習當然也彼此較勁，能受惠有口福就是每家的孩子們。每當奶奶去打牌或串門子回來，都會給下課的孩子們準備一些小點心填肚子，然後我們就邊寫功課邊吃點心。一群小孩們嬉嬉鬧鬧的，但有的時候鬧得太瘋，也會被奶奶罵一頓，想起小時候為了怕被打，在屋裡亂竄就覺得好好笑。

如果提早把功課寫完，就會到樓下的公園玩，小朋友們的點子可多了，紅綠燈、抓鬼、跳房子、橡皮筋跳高，非得等到奶奶從樓上大喊「回家吃飯！」，才會不甘願地結束遊戲。在公園玩的時候，會有位山東爺爺騎著腳踏車來叫賣，他總在晚餐時間出現在村子裡，喊著：「包子饅頭～豆沙包，剛做好的包子饅頭～豆沙包！」這時，有零用錢的孩子就會衝去買，小時候最喜歡山東爺爺做的大饅頭和豆沙包了！大饅頭好有嚼勁，如果是正餐要吃，就會在裡面夾肉鬆、蔥蛋及青菜；如果是當點心，就會把大饅頭切片炸得酥脆，沾砂糖吃，或者是沾花生醬也超級美味。山東爺爺的豆沙包也是人氣商品，裡面的紅豆餡是他自己做的，又香又甜又綿，一扒開豆沙包，就會一群嘴饞到快滴口水的孩子們圍在身邊，喊著：「給我吃一口嘛！」

小學時放學都要跟著路隊一起回家，如果可以被選上「路隊長」是班上同學都好期待的，掛上臂章就感覺非常榮耀。當時老師設下許多生活規範，希望能讓小朋友們從小就能養成良好的生活品格，其中一項就是不可以邊走邊吃，路程中買的東西要回到家才可以吃。除了是覺得吃相不佳影響觀瞻之外，更是擔心小朋友們的安全。老師交代路隊長，如果有同學邊走邊吃，要記下來報告老師，違規的同學就會被罰抄寫課文或者是灑掃庭院。還記得當時被選為路隊長，就看到同班兩個男同學買了冰棒邊走邊吃，依照規定記下他們的違規行為，本來以為自己只是盡責完成老師交代的任務，但卻意外引發和同學們之間的小戰火。

那天，進了村子之後，看到山東爺爺喊著：「包子饅頭～豆沙包！剛做好的包子饅頭～豆沙包！」好興奮地買了兩個大饅頭和豆沙包，因為是剛出爐熱騰騰的，走到家門口準備上樓時，就忍不住扒開豆沙包、咬了一口豆沙餡，但這一咬，就違規了！隔天到了學校，那兩位男同學立刻向老師檢舉看到我邊走邊吃，平常超遵守任何規定的我立刻臉紅，一部份是因為覺得自己已經進到樓下的大門，應該已經算是回到家了吧？再者，是覺得怎麼那兩位男同學會為了要檢舉，而跟著我回家？老師當下替我解圍，認為那算是回到家了，可是我自己為了不落大家口實，還是自請處份午休時去打掃庭院。

現在回想起當時的意外戰火，還是會有些情緒波動地臉紅，原來，小小孩也會有榮譽感或報復心的。長大後搬離了村子，仍好想念山東爺爺的大饅頭和豆沙包，當偶爾夢到曾經在村子裡的情景時，就給自己炸個饅頭，然後沾著香濃的花生醬，更會想回到小時候的無憂生活，有的時候還會把麻辣花生磨碎拌入花生醬中，香香甜甜辣辣，也讓點心多了些大人味。

炸饅頭佐花生醬

材料

白饅頭……數顆

花生醬……適量

麻辣花生米……適量

步驟

1 饅頭切片，油鍋以中小火炸至金黃。

2 將麻辣花生磨碎，加入花生醬中。

3 盛盤，將炸饅頭片沾上花生醬，滿足享用！

饅頭可先冷凍，
微乾的饅頭炸出來口感更好！

想念，愛我的朋友

會去詢問自己在別人眼中、心中，是什麼形象，什麼感覺嗎？外人對自己的評價，是否和自己對自己的了解相符？

好像旅行可以更快速地認識彼此，而且旅行的時間還不能太短，因為像我，至少在五天以內的旅程裡，都可以十分合群樂群，但超過五天以上的旅程，可能就會希望能有一些私人的空間、時間；但也有些人很做自己，從頭到尾都十分率性，無論親疏，都不會逼自己融入或客套；也有朋友很能忍，除非真的是熟到不行，不然不會讓任何人發現真實的個性。

從小到大，我收到的回應都是：「妳很精明，腦子和嘴都動很快，一開始覺得妳很難親近，認識之後覺得妳很活潑，很好笑。」這算是稍稍認識我的程度。接著，如果有緣再多認識一些的話，就會說：「更加認識之後，才發現某種程度妳是生活白痴耶！妳居然不會看地圖，也搞不太清楚怎麼設置導航，也不會用電子支付……」的確，這

是更加了解之後，才會知道我除了自己擅長工作內容和興趣以外的，幾乎都是大白痴等級。但，這也還沒完完全全地認識我——應該說，我好像也沒讓太多人完全進入我的生活和內心。

那年，我們一起去旅行——我們，代表著另一位是對我來說非常重要的朋友。我們認識很多年，彼此都非常地熟，在工作上有很多交集，一起去過很多地方工作，一起解決過許多挑戰及任務。但是，因為都只是在工作，雖然平常也常約吃飯聚會什麼的，彼此都仍保持著一些些有點小距離的禮貌，真正不算在工作的私人旅行，那年應該是第一次。

那次旅行結合了美食和大自然之旅，是彼此都喜歡的規劃，因為我們沒有那麼喜歡逛精品和買東西，可能是因為平時工作就已經和都會、時尚有關，在度假時就比較喜歡看歷史古蹟、動物園、水族館，或是上山下海，這些願望在那次旅行中都達成了。這位我很重要的朋友，食量很大，什麼都吃，而且續航力超強，只要桌上還有食物，就會不停地放入口中。看我朋友吃東西，就很像在看大胃王比賽；而我則是「眼睛比胃大」的點菜方式，什麼都想吃一點，但為了控制體重，什麼也都只能吃一些。可是有我朋友在就不用擔心浪費食物，點了一桌子的菜，有炒豬肝、什錦炒苦瓜、海葡萄、

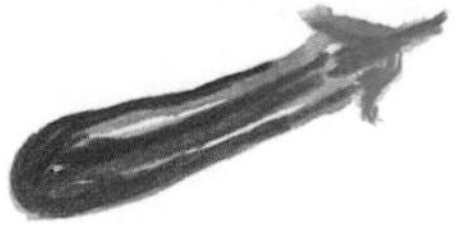

豬腳麵，還有一道讓我覺得想起那段回憶，就彷彿能聽到爽脆聲音的雜菜天婦羅。一口咬下，外層麵衣香脆，咔嗞咔嗞，裡面有地瓜茄子馬鈴薯南瓜牛蒡，是非常適合旅行時邊小酌邊聊心事的零嘴。我的酒量太爛，實在沒辦法和同行友人一起喝當地的泡盛酒，但又好想喝點酒精飲料，只能選擇水果酒或者是啤酒之類的。

旅行真的可以更了解彼此，已經認識十多年，好像很少說出對對方的感覺，除非是工作需要才會提到某些好玩的互動，但在旅程中的朝夕相處，沒了工作上的壓力，就天南地北地瞎聊。在某天深夜要回到我們一起住的房間時，也許是因為多喝了一點酒，依舊很亢奮地手舞足蹈，朋友牽著扶著、扛著搖搖晃晃的我，擔心我撞傷，其實食量、酒量都不容小覷的這位朋友，席間喝的絕對比我多很多，因為還要負責替我擋酒！

在星空下我們哼著歌走著，然後，朋友對我說：「妳，在我面前不用裝堅強啊，不用逼自己一定要炒熱氣氛，我們在一起的時候妳不是在工作，妳不是主持人，不用賣力搞笑！我知道真正的妳一點也不外向，反倒是有點自閉、自卑和膽小，而且還有點害怕和陌生人互動……」

是啊！這就是我，真正的我。我的朋友，腿很長走超快，但總是會回頭找我怕我沒跟上；我的朋友總在我說笑話時，明明已經聽過了，仍會很捧場地用力拍手大笑；我的朋友知道我怕陌生人，總會發現我眼神和表情中的尷尬和閃躲，走來我旁邊帶我避開那些窘況；我的朋友知道我人來瘋的時候，可能會有些失控，但會順著我的開心一起開心，可是如果感覺現場有些失序時，就會立刻出聲保護我；我的朋友平時被很多工作人員照顧著，但總是在擔心我，知道我容易樂極生悲撞傷跌傷，又容易掉東掉西，就會跟在我後面不厭其煩幫我撿東西。

現在，當我想念我的朋友，但因為彼此工作忙碌沒辦法立刻見到面時，我就會炸一盤雜菜天婦羅，咔嗞咔嗞地吃著，再找出一起出去玩的影片、照片，然後，傳訊息謝謝我的朋友那麼愛我！

雜菜天婦羅

材料

茄子……一根　櫛瓜……一根

蘆筍……半包　牛蒡……一根

紅心地瓜……一根　低筋麵粉……50克

蛋……一顆　冰水……100c.c.

醬汁

柴魚醬油……兩大匙　白蘿蔔……四分之一根

味醂……一小匙　糖……一小匙

步驟

1 將蛋黃打入冰水中，倒入過篩後的麵粉，輕拌成麵糊。冰麵糊須保持低溫，高溫油炸時更加酥脆。

2 將柴魚醬油、味醂及糖加熱略煮，放涼後再加入白蘿蔔泥。

3 切好的茄子、櫛瓜、蘆筍、牛蒡、地瓜沾上麵糊，分次放入鍋中，以中小火炸至食材浮起即可起鍋。

4 食材都炸過第一次之後，大火讓油溫升高，進行第二次油炸約十秒，讓麵衣更為酥脆，盛盤上桌！

調麵糊時輕輕地攪拌即可，
避免大力攪拌產生筋性，
若還殘留麵粉顆粒也無妨。

簡單又舒服的宵夜小酌

這天結束了快六個小時的主持工作，從下午一直站到快半夜，一整天只吃了早餐。收工時，雖然有把晚餐的便當帶回家，但洗完澡之後，好想喝一小罐啤酒，冷掉的便當感覺一點也不適合當下酒菜。

雖然酒量奇差，酒品又不太好，但當家人朋友相約盛情難卻時，或是自己一人心情好或心情差時，仍會忍不住小喝一下。而且就是因為喜歡做菜，所以有機會小酌的時候，就想弄一些下酒菜讓很能喝的家人朋友可以盡興。當然如果是從晚餐就開始喝的話，就會在晚餐的菜色上多花些心思，可是有的時候是自己在工作之後想好好休息一下，也不喝多吃多，就一兩罐啤酒，一小盤宵夜下酒菜。於是從冰箱拿出甜不辣，切成薄片，下油鍋炸成脆片，單吃就已經非常爽口，又另外替自己調了沾醬，幾根朝天椒、蒜頭、蔥末、檸檬汁、拌上一些糖，就是好開胃的酸辣醬，拿這個醬拌泡麵都好好吃！配上一小罐啤酒，這晚的宵夜簡單又舒服，可以好好讓自己充分休息。

好羨慕酒量很好的朋友，怎麼喝酒臉都不會紅，又不會斷片，隔天也不會反胃頭暈宿醉。我是只要幾口下肚，臉就會開始漲紅，別說是紅酒白酒或威士忌，三罐小罐的啤酒，就足已令我喝醉；如果再繼續喝下去，雖然身旁的人都會以為我沒事，因為我仍有行為能力，可以對答自如，還能辯才無礙的和別人討論時事——但其實超過三罐之後，我已經是喝醉狀態，而且隔天是大斷片的，根本不記得之後說了什麼做了什麼發生什麼……了解我的家人和好友都知道如果我開始講英文、開始比平常熱情、開始比平常大膽敢找架吵，就代表我已經進入喝茫的狀態了。

喝醉如果倒頭就睡，那算是酒品很好的，我也希望自己是屬於這種體質和品性，但偏偏酒後反而超靈活，而且很容易被激將法影響。清醒很俗辣不敢和人起衝突，喝了酒之後，當有人提起平時就有些在意的小事時，音量就會開始漸漸放大，用字就會比清醒時更加直接和帶有情緒，而且每一句都是超級誠實的實話——重點是當酒醒時，一點也記不起來自己到底有多可怕，直到看到友人隔日回傳的留言，再往上滑才驚覺自己居然在沒有意識和記憶的狀況下，傳了像是一小篇作文般的超長留言給對方！看到自己酒後的留言都會超害羞又驚訝，因為發現自己再怎麼醉，但打字還會正確加上標點符號，然後在留言中瘋狂大表白又或是大發飆，所以現在只要當自己喝到某個點的時候，就會提醒自己一定要把手機關機，而且還要藏起來，以防自己又酒後失控發神經！呵呵！

在寫這篇時的兩個星期前，才又不小心酒後大斷片，也許是因為已經超過半年以上沒喝酒，酒量就更爛了，那天收工後在飯店喝了三罐之後，就昏睡到隔天早上，這是我自己以為的酒後就倒頭大睡，但從助理還原前晚實況，我居然在晚上看似清醒的狀態下獨自離開飯店，那消失的一小時，我根本不記得自己去了哪裡，幸好沒發生意外——看來以後喝了酒之後，不僅要把手機關機，還要把門給關好，以免喝茫的我亂跑！小酌怡情，盡可能不飲酒過量才是解決之道！

炸甜不辣佐酸辣醬

材料

- 冷凍鯛魚片……數片
- 胡椒粉……一小匙
- 太白粉……三大匙
- 五香粉……一小匙
- 糖……一匙
- 鹽……一小匙
- 冰水……一杯

沾醬

- 醋……一匙
- 糖……一匙
- 鹽……少許
- 醬油……兩匙
- 蠔油……一匙
- 蔥……一根
- 辣椒……兩根
- 香菜……少許
- 蒜……五瓣
- 開水……一杯

步驟

1. 鯛魚片解凍切碎，加入鹽調味，倒入攪拌機，攪拌約三至五分鐘。
2. 加入半杯冰水及糖、太白粉、胡椒粉、五香粉，再攪拌五分鐘。
3. 將攪拌機邊緣的魚肉與所有魚肉拌勻，再加入半杯冰水攪拌約五分鐘。
4. 攪拌至魚肉呈綿密果凍狀即可。
5. 將魚漿放入塑膠袋中，剪開一小角擠出條狀魚漿，起油鍋中小火炸魚漿至金黃色，即可盛盤。
6. 將蒜磨泥，與其他所有沾醬材料拌勻，上桌！

使用冰水攪拌魚漿，
維持魚肉新鮮及出漿，
如果沒有攪拌機，
持續手動順著同一方向攪拌亦可。

失而復得與小天使們的愛

有些食物超級適合在節慶及派對聚會時候吃，像是炸雞柳條！現在只要吃到炸雞柳條，就會讓我想起演唱會，尤其是跨年晚會！

在電視台工作的那十多年，每年跨年的前後，都要籌備跨年晚會，很幸運的是可以非常近距離看到煙火，以及不用人擠人就能欣賞藝人、歌手表演，這對許多小粉絲來說是超級羨慕的工作！但比較無奈的是沒辦法和自己的朋友、家人一起跨年倒數。早些年負責的工作內容是撰寫串場講稿，和主持人對稿，以及當天帶主持人上下舞台，只要主持人相關事項都是負責的工作範圍。之後開始主持「大明星小跟班」，就負責拍攝跨年晚會所有的幕後花絮，訪問來參加的表演藝人們。

有幾次的跨年晚會令我難忘，其中一次是那年非常冷，大概只有六度左右，在休息室裡除了便當以外，大家都分別帶好多零食，也準備了薑茶，主持人還準備了火鍋，讓冷到不行的工作人員和藝人可以暖暖身子。而且越晚越冷，台上風又很大，但是因

為越靠近跨年倒數時間，現場就湧入越多觀眾，超過十萬人——一眼望去，完全看不到地面，到處都是熱情的觀眾！因為天氣冷，穿得超多，衛生衣毛衣大外套，像熊一般地穿梭在前台後台，身上揹著三種通訊工具，有所有後台工作人員溝通聯繫的對講機，有另一台副控導播和工作人員相互溝通的對講機，當然還有自己的手機。那一整天下來，有的時候都被這些通訊工具搞混，因為它們都不時傳來各組人員的聲音，提醒各種突發狀況。雖然是在工作又很冷，但是大家情緒都很澎湃，感覺不像是在工作，就是在和大家一起迎接新年。

那時距離倒數剩不到十分鐘，帶著藝人到延伸台的台口等待上場，把主持人交給台口負責的同事之後，要趕快再跑去延伸台前舉大字報，有許多資訊和感謝名單要提醒主持人唱名，因為太專心在負責舉大字報，現場音響和觀眾的聲音又太大，如果有狀況必須靠速寫大字報跟主持人溝通，擔心如果害主持人漏講了什麼內容，那就完蛋了！眼看倒數已經剩不到三分鐘，對講機的耳機傳來多加了幾位要唱名的上台倒數貴賓，正埋頭趕著寫大字報時，突然被攝影師一把抓開，在驚嚇之餘也有點不高興，隨即聽到攝影師大喊：「小心被炸到！」原來我站的位置正前方，就是前台邊噴紙花和彩帶的炮口，攝影師說已經喊了我好幾聲，但因為現場太吵，我都沒聽見，他只好衝過來把我推開——真的非常謝謝他，不然我的臉鐵定被炸傷！

整場跨年晚會在凌晨一點多結束，廣場上的人群逐漸散去，所有工作人員開始善後，送走主持人之後，我把通訊工具一一歸還，卻驚覺自己的手機不見了！

腦中閃過最後使用的時間，會不會是掉在廁所？會不會掉在延伸台附近？會不會是掉在後台？同事們分頭幫我找，幫我打電話，因為當時仍在跨年手機使用的高峰期，所以不容易撥打出去。在演唱會前後台找了一輪，都沒有看到我的手機，此時有同事衝來告訴我電話撥通了，可是沒有人接，然後就持續幫我撥打，終於有個小男生接了電話：「喂！那個誰誰誰去上廁所！他電話沒帶進去。」他的回應令我覺得奇怪！什麼誰誰誰？這是我的手機耶，跟那個誰誰誰有什麼關係？此時，負責工讀生的主要負責人說他認識那個誰誰誰，因為他是工讀生之一，立刻反問接電話的小男生他們在哪裡？終於搞清楚了狀況，那個誰誰誰撿到了我的手機，沒有在第一時間接聽我的電話，然後意外被小男生接起，因為他以為是那個誰誰誰忘記帶去廁所，所以好心替他接聽。若不是他接起來，若不是有人認出他們，我的手機就真的不見了。

知道他們在晚會結束不到半小時的時間，就已經騎車到超遠的速食店吃宵夜，工讀生的負責人說他騎車載我去拿手機，因為他覺得是他沒教好，讓那個孩子順手牽羊想摸走我的手機，他要去教訓他！我趕緊勸他不要把事情弄大，只要手機找得回來就好，

不要隨便誤會小孩子，說不定他沒有那個想法！

我們到了那家速食店，那個誰誰誰頭都沒有抬起來，反倒是接電話的那個小男生把手機遞給我，我知道也許是那個誰誰誰覺得很尷尬，所以我沒有任何責怪的語氣，反倒感謝他們替我保管手機！在回程時，工讀生負責人問為什麼不罵他，我說因為我知道他一定是一念之差，看到他的神情知道他已了解自己的錯誤，如果再追究下去，反而會令他覺得難堪而有負面情緒。

回到演唱會後台繼續善後的工作，突然有工作人員說有人替我送宵夜來，原來是一群可愛的小粉絲送來的，他們本來想在晚會結束後等著和我拍照，但知道我衝去找手機，所以特別買了炸雞要給我壓壓驚！打開宵夜的那刻，真的眼眶含淚，真的謝謝身邊有那麼多小天使！立刻把那一大盒炸雞柳條跟工作人員一起分享，新年的第一天就能擁有失而復得的美好，真好！

現在的我不用再負責執行跨年晚會的幕後工作，甚至在二〇一八跨二〇一九的新年可以主持跨年晚會，人生的緣份和經驗實在非常奇妙！有時，我會為自己炸一盤雞柳條，調一碗濃濃的起士沾醬，讓自己不要忘了那些小天使的愛，當然也要叮嚀自己，要當別人的小天使！

炸雞柳條佐香濃沾醬

材料

去骨雞胸肉……兩片
巧達起士……數片
蛋……一顆
醬油……兩大匙
糖……一匙
香油……一小匙
米酒……一匙
胡椒粉……些許
麵粉、酥炸粉……適量

沾醬

牛奶……50克
奶油起司……一小塊
義大利起司絲……一小撮
黑胡椒粉……適量
馬茲瑞拉起司……一小撮

步驟

1 將雞胸肉以醬油、糖、米酒、香油、胡椒粉醃製。

2 雞胸肉切條後剖開，每條雞柳條內都包入巧達起士。

3 將雞柳條依序沾上麵粉、蛋液、酥炸粉。

4 起油鍋，中小火半煎炸雞柳條，起鍋盛盤。

5 將牛奶、奶油起司、義大利起司絲一杯、馬茲瑞拉起司一大把攪拌均勻，小火加熱，加入適量黑胡椒粉，即可完成沾醬。

雞胸肉醃製前可用刀背切薄，
更能入味；沾醬也可加入
辣醬或番茄醬，更有層次感。

我是虛擬主播——飯糰！

有沒有什麼外號和身份，是自己想來都覺得好可愛的？我有，曾經是「飯糰」。剛入行沒多久，接下一個新的配音任務，本來只是單純配音，一個星期一次，因為觀眾反應不錯，加碼到一星期三次，然後變成每天都去，也從配音升格成助理主持的虛擬主播。

那是個非常好玩的經驗，在當時互動式電腦動畫或是電玩才剛開始發展，智慧型觸控手機、平板電腦都還沒發明出來，那時我就坐在電腦前，很土法煉鋼地使用滑鼠點擊「飯糰」的表情，那時也只有喜怒哀樂幾種很簡單的反應表情，然後，要讓「飯糰」變音——原本還沒確定是我擔任「飯糰」配音員時，來客串當飯糰的大明星們都是使用變聲器，把聲音變得卡通，但是因為我在學生時期一直有在替卡通配音，而且在大四那年還有去兒童節目操偶、配音、寫劇本、畫插圖，所以輕易就可以直接用卡通聲調來對話。

這顆在娛樂新聞裡的「飯糰」，在當年應該還算受歡迎吧？因為事隔十年以上，都

還有觀眾在知道我就是「飯糰」本人時驚呼，告訴我他們以前覺得飯糰很好笑很逗趣。因為當時的身份是處擬主播，所以要協助主持人一起訪問大來賓，還要想一些有趣的互動內容讓節目更加豐富，也因為「飯糰」不是單純的卡通人物，要有些刁鑽任性和八卦，那時就設計「快問快答一一九」，讓來賓在一一九秒內回答問題，記得當時「飯糰」的問題常常令來賓爆出許多笑點及新聞點。比如，問「進演藝圈說過最大的謊？」「我是單身！」「覺得自己當主唱最大的優勢是？」「長得最帥！」「遇到漂亮的粉絲？」「請工作人員去要電話！」

從那時起，只要看到「飯糰」，身邊的朋友就會想到我，送給我很多跟「飯糰」有關的小東西，覺得可以當「飯糰」真好！然後，也開始想要試著去做做飯糰的料理，看看怎麼樣可以把飯糰變得更有趣又美味，而且口感還要很多層次！最好是好吃到一口接一口，就是因為這樣的想法，就開始試著做一口小飯糰，把一口飯糰中加入肉片油炸，再包上生菜，外酥內軟的炸小肉飯糰就完成了，這就像當年的「飯糰」一樣，看似牙尖嘴利，其實是很可愛很調皮的！

有個特別的外號，真的可以加強記憶度，但是，重點是要當事人喜歡那個外號，不然就變成了某種程度的霸凌了！

炸小肉飯糰

材料

白飯……兩碗
絞肉……100克
培根……數片
蛋……一顆
巧達起司片……適量
中筋麵粉……適量
麵包粉……適量
醬油……一匙
糖……一匙
米酒……少許
洋蔥……四分之一顆
紅蘿蔔……四分之一根
蒜……兩瓣

炒飯時可加入番茄醬，增加酸甜風味，減少炸物油膩感。

步驟

1 將蒜、洋蔥、紅蘿蔔切末備用。
2 油鍋爆香蒜末，將洋蔥末及紅蘿蔔末炒香。
3 加入絞肉炒熟，加入醬油和糖調味，些許米酒去腥。
4 加入白飯拌炒均勻備用。
5 將炒好的飯分成數顆小飯糰，每顆飯糰中包入巧達起士，再用培根包裹飯糰，緊捏飯糰將空氣擠出，讓飯糰不易鬆散。
6 將飯糰沾麵粉後，再沾上蛋液、麵包粉。
7 下油鍋，以中小火炸至表面變成金黃色即可。

我一個人，
餓了！
有一種熱情 存在於相互碰撞的時刻
果決 迅速 猛烈地翻滾
最後 完美達陣
成就了美味 寵愛了舌尖

輯四

鑊炒百味大女子

有蔥有蒜，有肉也有青菜，
才有滋有味！

香辣是暗戀的滋味

半夜，不就應該熟睡，或是該準備入睡了嗎？可是突然好亢奮，因為收到期待好久的訊息，如果有暗戀經驗的人，應該非常懂那種收到對方回應時的爽感！但明明對方的訊息內容就是很日常很沒有情緒起伏，甚或連問候都不算，只是一些有點敷衍的狀聲詞，什麼嗯、啊、喔、咦之類的，或是表情符號，但是，只要能有那麼一點互動，就可以令自己嗨到整夜睡不著！

大腦真的是一種非常奧妙的器官，真的可以因為任何一咪咪的外界波動，而瞬間影響情緒，前一刻還在那裡唉聲嘆氣，覺得自己可悲可憐，下一刻就開心到滿臉漲紅，感覺全身的毛細孔都在冒氣，被自己喜歡的人回應時，彷彿屋內不開燈都有了光。

小心翼翼地順著對方的話回覆著訊息，深怕有什麼閃失，又斷了好不容易盼來的連結；然後，滿懷期待，怕打擾對方會被嫌煩，又好希望可以多聊個幾句，所以每個回覆都留了個小問號，這樣才能有被回答的機會，看著對方顯示「正在輸入」，那種心臟快奔出喉頭的感覺好爽又好逼人，如果被秒回，管他是什麼符號，都能高興到跳起來。

到底怎麼樣才可以被喜歡啊？是要很華麗地表現浪漫，還是平實地傳達心意？人和人彼此的關係很難有對等，總會有一方更勝過更愛過對方，然後，就看比較愛的這方是用什麼心態去付出感情，比較被動的這方又會如何回應。感情沒有對錯，就只是喜歡與否。那就不要計較輸贏，只追求曾經好喜歡的滋味是專屬而難忘的。

重複看著從剛認識時開始的留言，到底是什麼時候萌生喜歡的感覺？最初也是什麼特別感覺也沒有的啊！不就只是偶爾地小聊一下，或是討論一下公事，不然就是對時事分享彼此意見，怎麼再次感受時，就已經晉升到喜歡了呢？那……對方也是一樣的嗎？還是只有自己偷偷喜歡著？其實喜歡是件好麻煩的體力活，心都不是自己的，每天都懸在那兒，掛在對方身上，被制約更是討厭，真不知道要怎麼把心收回來，小時候開學前有收心操，那也能有什麼招，可以讓自己不再暗戀不喜歡自己的人嗎？

收到訊息之後，因為好開心，睡意全消，餓了，不太可能跑出門買宵夜，有什麼就吃什麼吧！本來想隨意吃個泡麵，但又覺得泡麵不足以代表此刻亢奮的心情，打開冰箱也沒有什麼特別材料，就只有一小包青江菜，一包培根，但是有蒜頭和辣椒——這就夠了，這些就足夠為深夜獨自的開心，來一盤蒜香培根義大麵，重點是，要辣，才能符合收到暗戀的人訊息時，那般額頭冒汗，心跳加速的感覺！

蒜香培根義大利麵

喜歡吃蒜的人，可在起鍋前加入生蒜末，加強蒜辣香！

材料

義大利直麵……一人份　青江菜……一包
蒜……約十瓣　培根……三片
辣椒……三根　胡椒粉……適量
鹽……少許

步驟

1 大蒜切末、辣椒斜切段、青江菜直切半備用。
2 滾水煮義大利麵，放入鹽及些許橄欖油。
3 乾鍋將培根煸出油，炒至焦香。
4 加入蒜末及辣椒炒香。
5 放入青江菜炒軟。
6 加入煮麵水約半碗，再將麵條一起放入。
7 以胡椒粉及鹽調味，完成！

PLANCHE A DECOUPER
STUDIO M'

我，演電影了！

如果告訴小時候的我，有一天可以和螢幕中的巨星偶像們見到面，甚至能聊上幾句，一定會覺得也太荒謬及不敢置信。緣份就是這麼奇妙，畢業之後，就開始了美夢成真的一切。能夠從事自己夢想的工作實在是無比幸運，能夠結識自己夢想的偶像，更是無比驚喜。

那年，去香港出外景，任務是拍攝金像獎的幕後花絮，以及介紹當地好吃好逛的小店。在頒獎典禮的前一晚，就開始記錄典禮籌備的過程，從紅毯沿路上的設置、粉絲卡位的祕訣、媒體入場的動線，都完整地記錄。正當拍攝到一階段時，看到外景車抵達，工作人員開始架設機器，具備新聞敏銳度的我們立刻察覺應該是有藝人要來拍攝，於是也轉向在一旁等待。不一會兒，路邊駛來保姆車，豪華程度應該大牌藝人專屬，果真下車的是金像獎影帝劉青雲，打扮得很正式，不像是來拍攝一般節目的外景，當他一到之後，工作人員前來安排動線，印證了我的直覺，他是來拍戲的！不知道是為了哪部戲，導演前來講戲，內容是劉青雲在劇中終於獲得金像獎肯定，此刻拍攝他走

向紅毯接受媒體訪問。

當時我們去協調是否可以也在一旁拍攝他演戲的花絮，本來以為這樣的要求有些過份，畢竟未上檔的電影極須保密，沒想到劉青雲反倒問我：「請問可不可以讓我們拍妳？」這讓我有些傻了，拍我？導演解釋，因為要拍攝媒體簇擁訪問的畫面，而當下飾演媒體記者的都是臨演，剛好我就是娛樂記者，希望可以拍我在訪問他！這個突如其來的要求實在太驚喜了，當然立刻答應，接著聽從導演的安排，本色演出娛樂記者，訪問劇中的準影帝劉青雲。

結束拍攝之後，心中有些飄飄然，居然可以參與電影演出耶，即使只是一閃而過的畫面，也是個很不可思議的經驗。當天晚上就在那個「我也是電影咖」興奮的心情中想要大吃一頓，因為已經介紹了一系列的米其林名店，希望可以吃到隱藏美食，便詢問飯店人員有沒有推薦的宵夜小吃，他們說飯店後面巷子有間熱炒大排檔營業到很晚，他們自己平時下夜班之後也會去吃。點了一道香辣炒雙鮮，雙鮮是花枝及魷魚，加上ＸＯ醬拌炒。這時牆上電視播著當天的娛樂新聞，當地媒體也拍到劉青雲在頒獎典禮現場取景的新聞，原來他拍攝的是《我要成名》的新電影，邊吃著香辣炒雙鮮邊偷笑地期待「自己的首部電影」上映，也許是太開心，那道香辣炒雙鮮真的有夠好吃！

期待了好一陣子之後，電影終於上映，特別去買了ＤＶＤ收藏，為了再次感受當時開心的感覺，還特別自己做了香辣炒雙鮮配著邀請家人一起欣賞ＤＶＤ。電影很好看，講述著劉青雲如何從小演員堅持夢想之後，終於得到金像獎肯定，好不容易等到劇中的他走上紅毯那幕，聚精會神尋找我出現的瞬間——終於，我出現了！就在影片中！真的出現了！我演電影了！嚴格來說，是我的「手和手腕」演電影了！沒有正面，也沒有背影！哈哈，無論如何真的也是個可愛的第一次演出回憶，而劉青雲也戲如人生，真的以這部電影得到了金像獎影帝的肯定。

又過了沒多久，再度去香港出外景拍攝時尚活動，該次出席的嘉賓居然有劉青雲！然後，我拿著和拍攝電影當天相同的麥克風和麥牌，而且是用電影中出現同一隻手訪問他，他第一時間就認出我，然後笑說：「又見面了！」「恭喜！獲得影帝！我特別買了ＤＶＤ耶！」「那次謝謝妳！」「謝謝你才是！讓我的手和手腕可以出現在電影中！」然後，我們都大笑！實在太可愛的我們了！

現在的我，終於也是演員了，真的演到了電影，為了讓自己依舊懷著當時可以參與電影的興奮，就會替自己弄一份香辣炒雙鮮！依舊偷偷期待可以和偶像們一起演戲！

香辣炒雙鮮

材料

蝦子……半斤　透抽……一隻

青花菜……一朵　蒜……五瓣

辣椒……三根　鹽……適量

醬油……一匙　蠔油……一匙

糖……一匙　米酒……少許

步驟

1 蝦子洗淨去殼去腸泥，去頭；透抽切塊，青花菜切小朵備用。

2 將青花菜加些許鹽燙熟，擺盤。

3 起油鍋，加入蒜、辣椒爆香。

4 將蝦仁、透抽大火炒熟，加入些許米酒。

5 加入醬油、蠔油、半匙鹽、糖，大火爆炒後即可盛盤。

可先將蝦頭煸出蝦油，更增加炒雙鮮香氣。

幸福家傳香

依山傍海的廟宇，即使是平日也都有絡繹不絕、誠心焚香的信眾，來到這兒，浮躁的心情就瞬間平靜了一些，沒有特別信仰，不是因為特別要祈求什麼，就單純的只是想出來走走。這個早晨顯得平靜，也許是因為太陽才剛升起，香客們還沒出門，搶得先機來感受一下和神明之間共享的片刻寧靜。

靠海的景色，可以看得好遠好遠，浪花拍打在岸邊，可以聽得好響好響，風中飄來的味道，可以聞得好鹹好鹹，不僅視覺獲得了遼闊的舒壓，在聽覺嗅覺上也都有了可以回憶的依據。

周邊的店家一早就開始營業了，賣花的阿嬤笑咪咪喊著攬客：「來喲，買阿嬤的花去拜拜，求什麼都會實現喔！」賣香燭的阿公皺著眉回答客人的問題：「這是刈金，這是大把金，這是壽金……」賣水果的阿姨把水果分色擺得好漂亮：「求子可以拜葡萄喔！」聽著老人家們硬朗的聲音，就讓這個早晨充滿了活力。

寺廟附近有著許多味道，不只有檀香、金紙或是燭火，還有各種美食的香氣，每一道都是家傳多年的美食。豬血湯及貢丸湯和米粉湯，是用豬骨熬煮多時的湯頭，浸在湯中的油豆腐吸飽了湯頭的精華，淋上老闆自己調的沾醬，真是好吃。

而每次去都要來上一大份的就是炒米粉了！滑順不乾的米粉，搭配著香菇絲、肉絲、紅蘿蔔絲、豆芽，再澆上一勺滷肉汁，最好還能淋一些辣油，好爽！真的！大口把米粉塞入口，滿嘴的米粉香，雖然有點噎，但真的好爽！

好想複製這種家常美味！老闆笑著回應：「有些祕訣可以教，但有些是祖傳的，不能透露！」可是，不能透露才是重點啊！哈哈。老闆說小時候很討厭做這些，他以前是很漂泊的，在廟口長大，總跟朋友到處鬼混，大人怎麼罵他都不聽；突然有一天，最疼他的叔公生病了，他去廟裡許願，說自己會認真做事，不再讓大人擔心，而且會努力做善事幫助別人，三個聖筊之後，叔公的病情好轉，他也開始做起小吃生意，每天開店前都會去廟裡燒香拜拜。他笑說小生意賺不了什麼大錢，但是賺到一個好老婆，和很多愛吃他手藝的客人。在鍋爐前的熱氣中老闆和老闆娘笑著，眼眶裡閃著對彼此的愛。

既然問不到步驟和訣竅，那只好自己來試試看，從泡發米粉和香菇開始，反正是自己吃，失敗了也沒關係，但可以替自己多加一些料，比如蝦仁、花枝……讓這道炒米粉有著更澎湃的規格！說不定也可以像老闆那樣，賺到幸福！呵呵！

什錦炒米粉

材料

- 高湯……500克　米粉……半包
- 豬肉絲……半碗　高麗菜……半顆
- 香菇……十朵　蝦米……半碗
- 蝦子……五隻　花枝……一隻
- 蒜……五瓣　蔥……一根
- 紅蘿蔔……四分之一根　油蔥酥……適量
- 醬油……三大匙　胡椒鹽……少許
- 米酒……一匙　糖……一匙

步驟

1. 香菇泡軟後把水擰乾切絲，蝦米洗淨泡水；香菇水與泡蝦水留下備用。
2. 米粉先浸泡冷水；高麗菜洗淨切細片，紅蘿蔔切絲，蒜切片，蔥切段；豬肉絲加入醬油、米酒抓醃；蝦子剝殼，蝦頭留下備用；花枝切花。
3. 冷鍋放油，爆香蒜片，快炒蔥段以及紅蘿蔔絲。
4. 加肉絲、香菇絲、蝦米、蝦頭快炒。
5. 放入高麗菜炒香拌均。
6. 加入醬油、鹽、糖拌炒，放入高湯、香菇水、泡蝦水與油蔥酥。
7. 中大火將食材煮滾，放入米粉、蝦子與花枝，待湯汁收乾即可，胡椒鹽視口味添加。

恐怖旅程的美味記憶

吃過最好吃的沙茶牛肉炒麵是在橫店，明明這道炒麵從小吃到大，但是真的那年在橫店吃到時，印象非常非常地深刻，也許是那次工作充滿驚嚇也驚喜連連，又或許那次是第一次超過十天以上出遠門工作，所以吃到熟悉的味道時就非常喜歡！

橫店，是知名的影視拍攝基地，每天都有數不清的劇組在那裡工作，古裝、現代、科幻、年代，各類劇種在橫店應運而生，在那裡拍攝出許多被精心設計出來的劇情，也謠傳著許多發生在當地的奇幻故事。那年去橫店就是被交代要收集演員們在工作過程中遇到無法解釋的靈異現象，還要去各個不同場景，側拍演員好友們的工作花絮。

先別說拍到什麼恐怖的無形異象，光是從上海前往到橫店的路程，就快讓我嚇死了。記得那天出發去橫店是吃完晚餐之後，同行的工作人員還包括了攝影師、攝影助理及主要負責的娛樂記者同事，本來是想要在街邊找出租車，但是一直等不到出租車經過，當年連智慧型手機都還沒有，現今方便的叫車系統更還沒被發明出來，同事就在餐廳旁隨機詢問有沒有白牌車願意載我們前往橫店。終於有位白牌車師傅自願帶我們去，白色廂型車的外觀看起來挺新的，師傅感覺也很熱心誠懇，車資是一口價，對於已經無計可施的我們也算是合理，而且他還說自己對到橫店的路很熟，要我們不要擔心趕緊上車——但上車之後才發現實在是一趟驚魂記。

一上車就立刻發覺第一個難以置信的狀況，那就是廂型車後車廂的椅子只有一排，後面兩排的椅子都被拆掉，師傅說因為他平常還有載貨，拆掉比較方便。一屁股坐下去之後驚覺怎麼是直接坐在椅子骨架上，椅子沒有裡面的墊子，只有鋼架，真的超級誇張！坐在後面的攝影師、攝影助理及我，一坐下去之後互看覺得太扯，只有前面駕駛座和同事坐的副駕駛座才有座墊，此時，車子已經開動，我們彷彿騎虎難下的只能勉強接受，可是坐在鋼架上屁股有夠痛，只能拿衣服給攝影師及攝影助理墊在下面，但這只是這趟恐怖車程的剛開始而已。上車前，師傅說自己對路線非常了解，告訴我們大概兩個半小時就可以到達，這讓已經拍攝一整天的我們四人，覺得可以安心小睡一下，反正也只能相信白牌車師傅。

大概斷斷續續瞇了快一個小時，發現我們依舊行駛在快速道路上，四周非常黑，幾乎沒有路燈。此時正繞過一個圓環，問師傅說是不是應該快到了，師傅的回應感覺不像出發時那麼有自信，但依舊要我們不要擔心，說快到了，又過了半小時，發現怎麼又在繞圓環，而且我還蠻確定剛剛應該有經過這個地方，因為有看過圓環旁邊那個明顯有些掉漆的警語。此時師傅開始有些慌了，他說要找附近民宅問一下路，搞了半天他承認自己根本沒去過橫店，想說跟著路標走就可以了，但沒想到仍迷路……此時已經是半夜十一點多了，突然發現為什麼我們前車的後車燈居然亮到令我們刺眼，就在驚險那一剎那，師傅突然轉到外車道，因為剛剛他是不小心開到了對向車道，那刺眼的燈光是對向車輛前面的大燈！真的是生死一瞬間！

終於的終於，花了四個多小時，在半夜到達了橫店。

因為是半夜抵達，只能詢問就近找找還有沒有空房的飯店，結果大半夜只能找到唯一還有一間空房的旅舍，是間相當有歷史感的舊旅舍，屋內的地板踩下去就會發出聲音，行李滾輪拖過時更能感覺到震動，唯一的空房裡僅一盞小白光，只有兩張床墊，而且床墊還有些潮濕。但如果不願意留宿的話，也只能在大街上等天亮，我們一行三男一女只能湊合趕緊休息，也許是車程中受到太大的驚嚇，雖然住宿環境不如預期，但至少可以遮風擋雨。

隔天一大早，在飯店附近晃晃，想吃點什麼，可能因為太早，只有一家小吃店有開，看見菜單上提供的不只是早餐的粥之類的，而是有飯麵類可以選擇，請老闆做了沙茶牛肉炒麵，當老闆端來那盤炒麵時，不怕燙塞入口大吃，有夠好吃，完全平撫了被前晚車程和旅舍嚇壞的心情！

現在，每當替自己炒了盤沙茶牛肉炒麵時，都會回想起當時的烏龍經驗，也慶幸沒發生什麼意外！

沙茶牛肉炒麵

材料

菲力牛肉……一盒
紅蘿蔔……四分之一根
空心菜……半包
辣椒……依個人喜好
洋蔥……三分之一顆
青蔥……一支
蒜……三瓣
沙茶醬……兩匙
醬油……一匙
冰糖……少許
油麵或手工拉麵……一人份

醃料

米酒……一小匙
胡椒粉……少許
太白粉……一小匙
橄欖油……一小匙

步驟

1 菲力牛肉切片，加入醃料，抓醃入味。紅蘿蔔削皮切絲，洋蔥切細絲，青蔥切細絲，空心菜切段，蒜切片，備用。

2 熱鍋加半碗量的橄欖油，將牛肉片過油，約四十五秒至一分鐘後盛起。

3 將麵煮熟，撈起備用。

4 紅蘿蔔、洋蔥、蒜片、辣椒下鍋爆香。

5 加入牛肉片快炒約十五秒。

6 加入空心菜快炒。

7 倒入沙茶醬、醬油以及冰糖炒出醬香，加入半碗量的水煨煮一下。

8 將麵加入拌炒，放入蔥段拌勻，盛盤！

選擇菲力牛肉切絲，
先將牛肉絲過油，口感更為滑嫩。
煮麵時，可在鍋中加入一匙鹽，
讓麵和醬汁更加融合。

曾經遠渡重洋，尋找人生的模樣

展開全新的生活，有了新的體驗和嘗試是興奮的，但也非常令人沮喪和害怕。大三那年的暑假都待在紐約，因為要提前去碩士先修班上課，在還沒去之前充滿期待，幻想著可以像電影和影集當中，漫步在第五大道街頭，去中央公園享受陽光，去布魯克林大橋逛逛……這些幻想，在那年夏天的假日都有實現，可是卻也伴隨著一些恐怖的回憶。

從幼稚園到大學，一直都挺喜歡上學，也喜歡學習新的事物，但到了碩士先修班之後，第一次感受到上課是可怕的。也許是因為還不適應全英文的環境，又或者是從來沒有接觸過美式教育，不懂得怎麼樣快速找到訣竅。通過了英文鑑定測試，正式開始上課，當時的規劃是主修電腦相關的內容，但這和我大學時期主修的文學完全不同，而且我的數理超爛，別說是全英文的內容讓我緊張，即使是全中文也令我不知所措，但是因為大人覺得電腦相關行業是未來發展的趨勢，將來畢業之後比較好找工作，所以我只能硬著頭皮去上課。

記得上課的第一天，搭地鐵到了曼哈頓，在走進校園前深吸了一口氣，覺得自己的未來充滿了希望，未來是掌握在自己的手中，未來是靠自己開創的，這麼的正向樂觀——因為電影當中都是這樣演的啊，殊不知，那都只是電影啊！坐在教室中，翻開課本，看著那些一點都不懂的程式，看著老師的嘴一張一合，可是他到底在講什麼？一點也聽不懂，下課後想要詢問同學老師交代的內容，還沒開口，同學們就紛紛走避，這就是令我沮喪的開端。中午用餐時間，大家前往餐廳，每個人拿著餐盤依序取餐，然後找位置用餐，可是放眼望去每張桌子都有人佔位，而且彼此都是相熟的，我一個人捧著托盤實在不知道可以去坐哪桌，只能到餐廳外面，可是坐在外面又會遇到一些不是很友善的學生在一旁故意講一些挑釁的字眼，無奈只能躲在廁所裡快速把午餐吃完，原來離開自己熟悉的環境，一切是這麼的可怕。

那個夏天就這麼每天都在緊張及無奈中熬著，有次下課時間比較晚，在搭地鐵回家的時候，那節車廂只有我一個女生，真的是非常害怕，因為大人總是不斷提醒叮嚀坐地鐵時要十分留意，小心錢包小心安全；那時有個醉漢上車，明明座位很空，但他卻坐在我的旁邊，渾身酒氣不停喃喃自語，為了不惹怒他，我慢慢起身，移動到比較靠近列車長的車廂，整趟車程都呈現警戒狀態，一到站之後，就狂奔回家！

好不容易熬到假日，可以像個觀光客一樣去各個景點走走，好想吃中餐，真的吃膩了起士、三明治、熱狗，好想喝熱湯吃熱炒！搭地鐵轉了好幾線，到了華人街，就像回到家一樣的熟悉，每家小店鋪都熱情地打招呼，初次見面的叔叔阿姨知道我們剛來，分享他們初期離鄉背井的甘苦，也親切傳授一些更能快速適應異地生活的小方法。

睽違許久吃到家鄉味，那天點了許多家常菜，其中有一道是銀芽炒豬肉絲，裡面還有韭菜絲，因為我喜歡吃辣，裡面還多了辣椒絲。看著那道菜上桌，心中湧起好多感觸，遠渡重洋吃到這麼家常的味道，裡面有著不同的顏色，味道是這麼融合，是意外碰撞出的口感，還是一開始就已經精心設計過的菜色？那時我身處的時空環境，真的是我未來希望的樣子？還是，我應該認真追求我想要的夢想？

回家之後，我試做了一次，加入了蛋絲，弄一道「五色香絲燴炒」，然後，默默下定決心，大學畢業之後，我不要來唸電腦碩士，因為我不會，真的再怎麼學也學不會，我想要我的人生是我自己喜歡的模樣，將來老了之後，回憶年輕的自己，我也能笑著翻看照片。所以後來的我，選擇了現在的職業，是我從小就喜歡的職業。

五色香絲燴炒，自己一個人吃飯的時候，是個很下飯的菜，我會加一些烏醋，更能提味，偶爾還是會拿出當年的照片，廿多年過去了，我的確是笑著回憶當時，也會幻想如果我當年就留在那裡，現在的我會有什麼不同？會是一個人吃飯嗎？

五色香絲燴炒

材料

- 豆芽菜……一盒
- 韭菜……三根
- 豬肉絲……半碗
- 醬油……一匙
- 鹽……少許
- 胡椒……少許
- 太白粉……一匙
- 胡椒粉……適量
- 辣椒……三根
- 蒜……五瓣
- 蛋……一顆
- 蠔油……一匙
- 細砂糖……少許
- 米酒……少許
- 香油……少許

步驟

1 將豬肉絲加入醬油及少許米酒醃製，並加入些許太白粉拌勻；蒜切末，韭菜切段，辣椒切絲備用，煎蛋皮切絲備用。

2 爆香蒜末，加入辣椒絲，將豬肉絲炒散，再加入豆芽菜、韭菜及蛋絲。

3 加入少許蠔油、米酒、水、鹽及細砂糖，大火快炒，滴幾滴香油，並撒上胡椒粉炒勻。

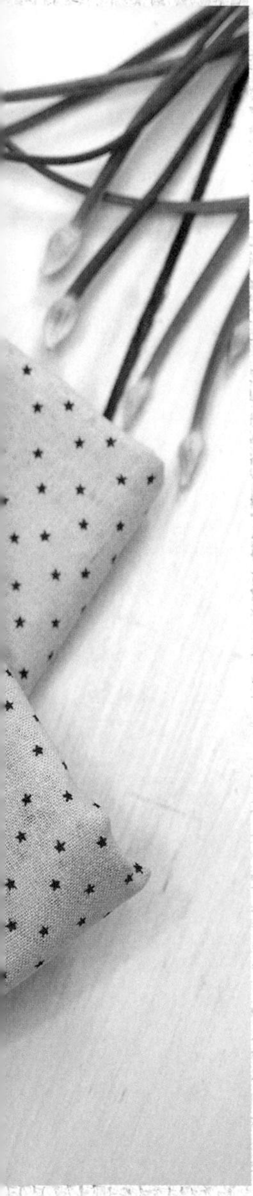

食材皆以大火快炒，
更有鍋香。

烏龍麵的人生哲理

那家日本料理店總是大排長龍，即使是要外帶，在用餐高峰時間，也必須等上至少十五分鐘。還記得生活圈剛換到那兒附近時，雖然是一條熱鬧的商店街，但是能請客吃飯的館子比較少，大多都是小吃類，或者是簡餐，所以這家日本料理店就成了招待朋友或是家族聚餐時外帶的首選。

大人喜歡店裡的生魚片和手捲，價格實惠又很新鮮，小朋友喜歡他們的花壽司、豆皮壽司、茶碗蒸，還有大人小孩都愛的炒烏龍麵。雖然店內空間不大，但一家人擠擠還是蠻溫馨的。

還記得有次在店門口有客人起了口角，因為排隊順序和取餐順序不大相同，有些單品是已經備好，點餐就可以取走，但有些料理要現點現做，也許是因為天氣太熱，又或是因為東西太好吃，怕慢了一步就買不到了，兩個老先生口氣越來越差，在一旁排隊的顧客想要勸架，都插不上嘴，因為很怕被波及到，反倒公親變事主。幸好這時老闆很會看狀況，拿出了味噌湯和麥茶給兩位老先生享用，希望大家以和為貴，都是來

消費的客人，老闆拜託大家心平氣和地等餐，也承諾之後會把動線安排得更妥當，把快取的和必須等待的隊伍分流。

這也許就是和氣生財的道理，這家店幾乎每天都會經過，每次都能看到客人排隊，東西好吃一定不在話下，但另一個大重點是服務品質，跑堂的和善應對，結帳的笑臉迎人，廚房的井然有序，這樣才能在美食一條街裡屹立不搖。老闆的處理方式非常好，不糾正任何人，畢竟以客為尊，也不偏袒任何一方，因為動線安排上真的失當，味噌湯和麥茶沒花多少成本，卻賺到了顧客的喜愛及平和，是多划算的一次交易啊！

有段時間餐廳重新裝修，雖然在他們休息期間，大家少了吃飯的選擇，但當他們重新開幕時，整間店變得明亮乾淨，重點是廚房變成半開放式，老闆笑說除了是要翻新原本老舊的陳設，也是因為客人都很急著要取餐，現在讓等餐的大家可以看到廚房的運作，除了不會有空等的感覺，而且還可以讓大家知道他們對於每份餐點的用心。

有次在等外帶烏龍麵時，看到師傅製作的過程，老闆看我瞧得出神，就說炒出好吃的烏龍麵沒什麼大道理，就是步驟很重要，不要為了搶快，把所有的料都一次下鍋，而是分次炒出香氣，層層堆出美味。真好，又可以品嚐美食，又可以學到人生哲理。老闆，謝謝喔！

烏龍麵略燙熟即可，
之後放入炒鍋中煨煮更加入味。

鮮蔬肉絲醋香炒烏龍

材料

豬肉絲……50克　高麗菜……四分之一顆
紅蘿蔔……四分之一根　蔥……一根
鮮香菇……三朵　木耳……三朵
烏龍麵……一包　蒜……兩瓣
醬油……一匙　米酒……一匙
糖……一匙　烏醋……一匙
水……一碗

步驟

1 少油將豬肉絲炒略熟，烏龍麵下鍋快煮半熟即可撈起備用。鮮香菇、紅蘿蔔、木耳、高麗菜切絲，蒜切片，蔥切段備用。

2 爆香蒜片後，加入香菇絲、紅蘿蔔絲、高麗菜絲、木耳絲拌炒，再加一碗水煨炒。

3 將豬肉絲放入鍋內拌炒，加入烏龍麵。

4 加入醬油、米酒、烏醋、糖，再放入蔥段，稍加拌炒後即可盛盤。

孩子的家常美味便當菜

以前小學的時候，同學好像都不太喜歡帶便當，說什麼便當蒸過之後，菜的味道就變了，可是，總覺得期待中午抬便當和大家一起開飯的感覺很棒。而且，從前一天就開始替隔天的午餐做準備，那種小雀躍的心情可以持續好久。

其實，從挑選便當樣式就可以讓小朋友的腦袋充分運作，站在一排便當區前，思索著到底是要傳統的鐵便當？或是玻璃樂扣的？那各式便當又分成圓的方的雙層的，還是要有圖案的塑膠便當？而且上面的圖案是小兔子的，超級可愛，可是那就不能放入蒸飯箱……一群小朋友在新學期一開始準備各式文具和必需品時，都會在店裡七嘴八舌地討論，這時，就必須取決大人的心情好不好，小朋友最近乖不乖，如果天時地利人和，就會很驚喜地被滿足一切願望。深諳此道理，所以總會在要買東西的前幾天，就非常乖巧和嘴要夠甜，大人交辦的事情確實完成，自己的功課要定時寫完，和兄弟姊妹要和睦相處，彼此提醒生活日常絕不能有一絲脫序，這樣才能得到禮物！

為了做出在蒸過之後不會影響味道的菜色，家裡的長輩也是做了許多實驗，下了很多功夫，希望孩子可以營養均衡，三餐皆可吃到肉類蔬菜，既下飯製作過程又不繁瑣，那時大人就試做了一道香炒甜豆肉末豆干丁。小朋友們都愛吃豆豆，當這道料理上桌時，大人還可以藉機訓練小朋友正確使用筷子，讓小朋友比賽夾豆子，對大人來說此時這不算是玩食物，而是機會教育；小朋友就開始認真把豆豆、肉末和豆干丁一顆顆一個個夾到碗中，然後，繼續比賽把飯吃光光。而這道香炒甜豆肉末豆干丁，也就成了帶便當不會變味的選項之一。

記得有一年，應該是月考成績很好，獲得一個粉紅色的小兔子便當盒，那是塑膠不能放入蒸飯箱，所以都會期待哪天中午是大人來送便當時，可以用小兔子便當盒裝菜。而那一年，因為所有的小朋友都好乖，大人居然破例讓大家買了一隻迷你小白兔，所有的孩子都把小兔子視為珍寶，大家搶著要餵牠吃紅蘿蔔吃青菜，搶著替牠用毛巾做窩。可是，牠來家裡的時候是冬天，那時正有一道超低溫寒流來襲，為了替小兔子取暖，大家能想到的方法都用盡了，照燈、暖爐、吹風機、大毛毯，早上孩子們因為擔心哭著說想陪小兔子，不想去上學，大人又哄又罵地才把大家拉上車送去學校。

中午放飯時，小朋友們衝到校門口拿便當，同時也想詢問小兔子的狀況，只見負責來送便當的大人一臉無奈。回到教室打開便當袋，裡面不僅有便當，還有養樂多和布丁，而且還是用那個粉紅色的小兔子便當盒，這都是用來安慰孩子們的。便當裡裝著大家愛吃的香炒甜豆肉末豆干丁，那天中午，除了那一顆顆的甜豆，還加上了一顆顆眼淚配飯。

這天中午，炒了一盤甜豆肉末豆干丁，吃之前依舊一顆顆一粒粒夾到白飯上，然後大口扒飯。想念的開始，有時就是因為熟悉的香味，邊吃邊回憶起小時候調皮的往事。

不會變味的便當菜，
要煮什麼好呢？

香炒甜豆肉末豆干丁

材料

- 毛豆……半包
- 紅蘿蔔……四分之一根
- 蔥……一根
- 鹽……半匙
- 糖……半匙
- 醬油……一小匙
- 水……半碗
- 豆干……五塊
- 蒜……三瓣
- 絞肉……半碗
- 胡椒粉……適量
- 香油……適量
- 米酒……一小匙

步驟

1. 豆干切丁，紅蘿蔔切丁，蒜切末，毛豆去莢，蔥切末備用。
2. 在鍋中放少許油，冷鍋爆香大蒜末，放入絞肉翻炒。
3. 放入豆干丁，翻炒到有些焦黃感。
4. 放入毛豆跟紅蘿蔔丁翻炒，淋上米酒。
5. 加入食用水半碗，再放入蔥末、鹽、胡椒粉、糖、醬油。
6. 淋上些許香油，翻炒至收汁即可。

紅蘿蔔丁可先用熱水燙熟，
節省翻炒時間。

拌炒一道治癒失戀的味道

她傳訊息來問：「晚上有空嗎？有點事想分享。」這是一個有點熟，但又不是熟到可以臨時說約就可以約成的朋友，收到這樣突然的訊息，的確是有點令人心驚一下，不知道她所謂的有點事，是怎麼樣程度的事。

好想先知道到底是什麼事，才答應要不要赴約，可是，又不好意思直接在訊息裡問，因為她都已經想約了，只好有點勉強地回傳：「怎麼啦？怎麼突然想約？」「沒有啊，就想說跟妳聊天很開心，看妳今晚有沒有空？」看似很平常的對話，但是語意中透露著不尋常，在不到幾秒的思考時間內，只好硬著頭皮答應她的邀約：「有空啊！怎麼約呢？」「來我家如何？」

收到訊息有點不想赴約的其中一個原因，是因為當她和大家出來時，一定會帶著男友，即使沒帶著男友，也一定開口閉口聊著和男友的點滴。不是嫉妒她的幸福，而是，對於讓她沉浸的開心，外人實在很難插上話……可是好像來訊邀約的她，不像之前這麼開朗。

比她約定的時間早了一些抵達，好像應該帶個什麼伴手禮，買了小蛋糕在樓下大廳等她回來，管理員詢問了來意，說她有交代直接上樓即可。在電梯裡整理了一下儀容，因為她是很直接的人，如果覺得別人不好看，她會不修飾地直說。

不知為什麼，要進入她家前居然會有些緊張，可能是因為之前總是要配合她的話題一直笑，都笑僵了仍要維持和她一樣的亢奮。輕按門鈴，門開了，但應門的……怎麼感覺不是她了？比兩個月前看到的消瘦了許多，怎麼髮量也變少了？然後，已經蓋了粉的眼眶，黑眼圈還是很明顯。而且，她似乎也不像之前那樣急著想要分享自己的快樂，她的眼神中很明顯傳達著傷心。

現在的她，不像之前那般只開著浪漫音樂聊感情，反倒是開著新聞台漫無邊際地聊時事。好想問她怎麼了，男友呢？是工作嗎？是什麼讓她變了？可是她不說，也不方便單刀直入地問，她說今天她下廚弄了點東西，端出了韓式的雜菜冬粉，味道真的挺好吃的，她沒吃，撐著頭幽幽地問了句：「如果沒有了最初的愛，感情就複雜了，對嗎？」終於的終於，她導入正題，說起了今晚想聊聊的目的。

這雜菜冬粉裡，什麼都有，這是當初她男友最喜歡吃的，紅蘿蔔絲、菠菜、蛋皮……因為豐富，所以完成一道後，就是完整的一頓，不用另外再弄別的菜，方便快速。她說她和男友會一起追劇，她好喜歡男友牽著她的手，撒嬌要她餵他，這是她好滿足的感情。她說的以上，其實已經聽過好多次，她接著說，後來不知道什麼時候開始，當她再做雜菜冬粉的時候，男友會有點抱怨，想要再吃點別的；當她做了別的，男友又會說想出去吃。漸漸地男友不再對她撒嬌，不再陪她追劇，不再像初初相戀時對她充滿熱情，她以為男友是不是移情別戀，她猜忌、逼問、爭吵……男友當然否認有什麼新的對象，當兩人決裂的那刻，男友大吼著：「妳就是這樣，這樣令我壓力很大！」原來，她對愛情的熱情積極亢奮直接，都讓男友覺得負擔，當熱戀的溫度退卻後，一切必須回到自己最原始的個性，此時，兩人感情才開始要面對考驗，如果一方不接受對方的真實個性，那關係就免不了開始改變了。她男友離開了，她又回到了一個人，這兩個月她關在家裡檢討自己，她問：「我是不是很討厭？」但，她怎麼會是討厭呢？她和對方心裡都有對愛情的標準和想像，她不討厭，只是……不是對方想要的那樣。

最初和最後，沒有對錯，只剩要和不要。一早起床，看著鏡子裡的自己，好想替自己弄點什麼豐富的，那就來道韓式雜菜冬粉吧！提醒自己，「我不討厭，但我要檢討自己的討厭。」我們，都知道自己怎麼樣讓人討厭了嗎？或是，別人對自己的討厭，是因為自己先討厭別人？和人相處不要勉強，也不要倔強，不一定非得犧牲才可以擁有幸福人生，有個性不是意指可以任性，而是要坦然地讓自己率性！

自己一個人的韓式雜菜冬粉，配菜除了紅蘿蔔、菠菜、蛋皮，還要加些肉絲，還要淋些辣油，還要一些烏醋。喜好，是很私人的情緒，失戀也是，無法靠別人而復原，那就對自己更好一些吧！

炒韓式雜菜冬粉

材料

韓國冬粉……50克
菠菜……一小把
木耳……十朵
櫛瓜……半條
蛋……一顆
蒜末……半匙
橄欖油……些許
豬肉絲或牛肉絲……100克
洋蔥……半顆
紅蘿蔔……四分之一根
鮮香菇……兩朵
糖……一大匙
白芝麻……適量

醬汁

醬油……一小匙
麻油……一小匙
蒜泥……一小匙
黑胡椒……少許

步驟

1 醬汁材料調勻備用，並用少許醬汁醃製肉絲。
2 菠菜、洋蔥、木耳、紅蘿蔔、櫛瓜、鮮香菇切絲；小火煎蛋皮並切絲備用。
3 冬粉煮熟泡入冷水，瀝乾後淋一點橄欖油備用。
4 冷油將蒜末爆香後炒肉，盛盤備用。洋蔥絲、紅蘿蔔絲、木耳絲、菠菜絲、櫛瓜絲、香菇絲分別加入醬汁炒香，盛盤備用。
5 盤中放入冬粉，鋪上食材，擺盤時再撒上蛋絲與白芝麻，吃時拌勻即可。

白芝麻不加油，
乾鍋炒香！

我一個人，
餓了！

輯五

迷人蒸滋味

人生至此，
再度愛上簡單純粹

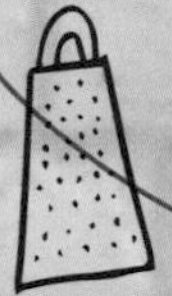

最溫柔的對待
是不讓一切珍貴曝露在烈焰炙燒中
用一貫緩步催化的熱氣
在迷濛中享受極致幸福

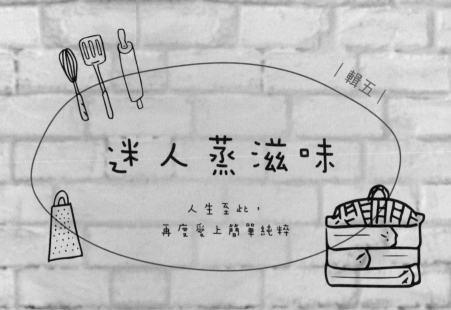

揉擀出指尖的愛心料理

包餃子或是包子，是很能夠展現手技的，尤其是蒸餃，如果摺子漂亮，那賣相就特別好。喜歡自己包餃子，過程中就好像是在做手工藝品，當每一個大小都長得一樣時，就非常有成就感，即使包到手快抽筋，也覺得很開心。

小時候家裡開過餃子店，每到假日，就必須去店裡幫忙。要負責洗碗、打掃、結帳、端菜，當時覺得好煩，那現在回想起來，那些都是某種程度的訓練。在那些工作裡，最喜歡的就是包餃子，看店裡的老師傅熟練地擀皮，他在包餃子的時候，可以不用看，就能夠超精準地包得各個都一樣。有的時候，他根本是邊打瞌睡邊包餃子，覺得他有夠厲害！

年紀小小的我們，能領到一小疊的餃子皮，被派去一旁練習，如果包得不漂亮，就煮了當員工大家的午餐。幾個小朋友坐在一起努力認真學，年紀大的孩子，很快就抓到手感和技巧，然後，就會像是面試考試一般，大人坐在對面驗貨，包得好的小朋友，就會被選去負責包餃子，其他的工作都可以不用幫忙，不單如此，還可以增加比較多

的零用錢。大人說店裡最重要的商品就是餃子，只要能把餃子包好，就會被視為鎮店之寶！一聽到可以增加零用錢，還不用洗碗掃地，所有的孩子都更加拚命想包好，但這也是需要有些天份的，很會包的姊姊，速度快又飽滿。既然速度比不上大孩子，那年紀比較小的就開始鑽研不那麼趕進度的蒸餃。

當年，花素蒸餃也是店內的招牌之一，一籠八個，每一個蒸餃大小形狀，要比水餃更來得整齊和一致。記得第一次自己包的蒸餃被端上桌時，掀蓋的當下，被大人稱讚，就覺得超開心。

現在，有時做夢還會夢到回到店內幫忙的情景，在店中穿梭端菜結帳，那種緊張的感覺還能在夢中真實地感受到。原本餃子店的原址，早就不再賣餃子，但當坐車經過時，還是會多看幾眼，那小時候第一次打工賺零用錢的地方。

覺得小時候有那段訓練真的很棒，讓孩子有機會和陌生人溝通交流，磨練膽量和責任感。長大後，想再回味小時候自己包的花素蒸餃，就會在假日的時候，買料備料，然後慢慢包。不趕時間，沒有壓力，邊看劇邊打摺子，細細感受咬下每一口餃子，享受一個人的餃子宴。

花素蒸餃

材料

餃子皮……一包
乾香菇……五朵
蛋……兩顆
蝦皮……一小把
醬油……一大匙
白胡椒粉……少許
青江菜……一把
冬粉……一把
絞肉……200克
鹽……少許
麻油……兩大匙

絞肉可加入蒜末炒過更香。

步驟

1 乾香菇泡軟後切丁，冬粉泡軟後切成小段，蝦皮剁碎，青江菜剁碎。
2 絞肉加入少許醬油、米酒醃製備用。
3 將蛋加入些許鹽打散，起油鍋炒好備用。
4 將絞肉、炒蛋、青江菜、乾香菇、冬粉、蝦皮混合攪拌均勻，加入麻油與白胡椒粉。
5 將餡料包入餃子皮當中。
6 放入蒸籠或是電鍋中蒸熟即可。

滿是感動感慨的探訪記憶

從學生時期開始，就跟著社團探訪許多公益團體，畢業之後，除了主持非常多的公益活動之外，也曾經因為在慈善基金會擔任董事之一的職務，更深入了解許多慈善機構提供多面向的服務，也希望能夠了解自己除了捐款之外，是否可以提供什麼樣實質的協助。在拜訪照護中心時，協助照顧身體不舒服的嬰孩們，幫他們換尿布餵奶餵飯，聽著老師及家長們述說著生活中的無奈，心疼孩子深受病痛折磨，煩心龐大的醫療照顧造成的經濟困頓。

其中一個小女生的媽媽秀出手機裡女兒生病前的照片，照片中的小女娃未滿一歲，肥嘟嘟健康可愛的模樣活潑地跟著音樂擺動，讓人真的非常捨不得現在的她——五歲了，仍坐在娃娃推車上，插著鼻胃管，無法和外界互動，媽媽說著當年小寶貝因為感冒引發併發症，在急救的過程中造成腦部缺氧，這位年輕媽媽現在說起往事的語氣很平靜：「當時，醫生說法定急救時間只剩三分鐘，時間到了要我和她爸爸要捨得放手，不要讓孩子再受苦，我在妹妹的耳邊說加油！寶貝！爸比和媽咪都好愛妳，好捨不得

妳！可不可以不要走！然後，妹妹的生命跡象居然在最後的一分鐘恢復了，我們都以為救回她了，在加護病房住了好久，直到轉入一般病房之後，才發現在急救時，她的腦部應該是缺氧了一段時間，造成她腦部永久的傷害。她是沒有走，但她註定一輩子重度腦麻，我永遠也聽不到妹妹喊我媽媽。」雖然她說自己很認命不會再哭了，因為是她把妹妹喚回來的，可是她的眼中含著淚，幫推車中的妹妹擦去口水。

在另一間教室中，社工老師在上課，教室裡有四個可愛的小朋友，年紀大概是三到六歲不等。老師悉心地教導他們如何控制肢體協調，將數個小沙包前後移動和小幅度的拋接，小朋友們雖然都有不同程度的身體障礙，但可以接受任務，並和外界有情感互動，他們好認真執行老師的指令；有個小朋友被稱讚之後，興奮地尖叫拍手，也有小朋友因為手部張力過大，無法自如地拿起沙包，在座位上生氣大哭，非得要老師抱抱才止住眼淚。在一旁看著老師及社工人員的工作內容，真的好佩服他們願意承接如此高壓、常人避之唯恐不及的任務。

中午吃飯時間到了，每個小朋友戴好圍兜兜等著餐廳阿姨送餐，他們的小桌子上放著特殊設計的湯匙，方便孩子們使用，老師也鋪好塑膠墊，即使食物掉在地上，也不用擔心弄髒地板。午餐的菜色是五穀飯、海鮮蒸蛋、玉米筍、四季豆、紅蘿蔔，以及兩片西瓜，可自理的小朋友開心大口吃飯，但是，從碗中舀出一勺飯，到成功放入口中，比一般同齡孩子辛苦很多。

也許是陪了他們一上午，對我比較熟悉，有個小男生一直發出聲音喊我，走近他的身邊就被他緊緊拉住衣服，因為聽不太懂他要表達的意思，讓小男生更激動，經過老師解釋之後，才了解他是要我餵他吃飯。老師企圖鬆開他緊抓著我衣角的手，但是他情緒有些波動，開始大叫躁動，我跟老師說不用擔心我的行程，我可以餵他吃飯。坐在小男生旁邊，鼓勵他自己拿湯匙用餐，可是他親暱地把頭倚在我的肩上要我餵他，老師說他可能因為沒有爸爸媽媽，所以特別沒有安全感，但感受到疼愛時就很愛撒嬌。望著身邊的他，真的好心痛，他好喜歡吃海鮮蒸蛋，還沒完全吞下去又急著要吃下一口，那天，就陪著他上課，陪著他吃完午餐，陪著他睡午覺，直到他入睡前，拉著我的小手都沒有放鬆過。

海鮮蒸蛋，非常簡單的料理，但是因為那天的探訪有了更不同的滋味，常常想起那天的感動及感慨，加油！每一個小寶貝！

海鮮蒸蛋

材料

蝦子……五隻
透抽……一隻
蛋……五顆
雞胸肉……一塊
紅蘿蔔……四分之一根
鹽……一匙
米酒……兩匙

步驟

1 蝦子去殼去腸泥，透抽切小塊。將蝦子和透抽加少許鹽、米酒醃製並燙熟備用。

2 將雞胸肉雞皮那面朝下煎至金黃，撒少許鹽調味，切小塊備用。

3 紅蘿蔔切花備用。

4 蛋加少許鹽打散至均勻，再加入水，蛋和水的比例為1：2.5，攪拌均勻後，將蛋液過篩抹去泡沫。

5 將蝦子、透抽、雞肉放入耐熱容器中，再擺上紅蘿蔔。

6 慢慢加入蛋液至容器八分滿。

7 外鍋水煮沸後，放入容器，蓋上鍋蓋。待蒸氣冒出後，轉成小火，並在鍋蓋和鍋子邊緣卡上一枝筷子，讓鍋中溫度稍降些，蒸八至十分鐘。時間到後熄火，拿出筷子但不打開鍋蓋，再悶五分鐘即可。

蛋液和水的比例，
以及鍋中溫度，
都會影響蒸蛋的滑嫩度
以及蛋中的氣泡。

在一個人的午餐，想念聚會的鬧哄哄

很常宴客做菜，也不是真的多大師級，而是喜歡把一些很平常的菜色裝飾得很像有那回事。開始嘗試做菜，不是因為喜不喜歡，是因為想吃自己喜歡的味道，就自己亂調亂加，就這麼剛好，身邊朋友和家人也覺得味道不錯！

朋友之間總有很多主題式的小聚會，一人一道菜，常是女生聚會時的必備任務之一。但其實每次參加攜家帶眷的聚會時，都會覺得有些緊張，甚或有些手足無措，因為酒量又差，不太可能是稱職盡興的酒咖，又很怕自己太多話搞得很像是主持人一樣，如果被問到自己的生活，但就真的很無聊，什麼大小事都不特別，好像也沒什麼可以分享。所以，如果這樣的聚會，就喜歡跟小朋友們膩在一起。

一直好喜歡小小朋友，喜歡他們圍在我旁邊撒嬌，喜歡他們抱著我的腿說想先吃一口我做的東西，也好喜歡挑戰很怕生的小孩，尤其當他們的爸媽特別交代自己的小孩遇到陌生人就會大哭時，我總是可以在短短的時間裡，讓那個本來一直啼哭的小娃娃，願意伸手讓我抱，然後主動坐在我的腿上要我餵飯，這是極大的成就感！

有次收到朋友的邀請，那是個超過十五人以上的午餐聚會，而且有大人有小孩，有吃辣的，也有一點辣也吃不了的。好喜歡做菜給朋友和家人吃，喜歡在做菜的過程中，可以聽著大家聊家庭聊愛情聊八卦，聽他們聊起婆媳間相處的小眉角，到底該不該跟婆婆說實話？或是當孩子在老人家面前耍賴，眼看就要被寵壞時，要不要出聲糾正長輩，還是要把小孩帶離現場？他們聊起另一半在工作上的順與不順，影響到夫妻間的相處情緒，我邊切菜，然後默默感受著自己的心情，如果突然被問到我對他們生活抉擇的意見，或被問到近況如何？工作還好嗎？感情呢？這時可以藉著做菜的忙碌，不會變成話題的焦點，不用刻意隱藏自己的孤單，也不勉強假裝自己一切都很好。

那次的聚會，準備了兩條大黃瓜，一條切塊了之後，煮成黃瓜排骨貢丸湯，小朋友們插著貢丸，當成麥克風用小奶音唱著新學的兒歌，大人一起起鬨拍手，那是一場幼幼班的演唱會。另一條大黃瓜削了皮，切段之後，中間挖空當成容器，挖下來的瓜肉切碎之後，拌入調好味的絞肉中，上菜時特別為愛吃辣的大人準備香辣調料，大家一口接一口，把我誇得像大廚，但其實真的很容易就可以做出來。

一個人的午餐，突然好想熱鬧一下，想念被孩子們吵翻天的開心，但又很怕打擾了別人家的家庭日，就自己弄一道大黃瓜香蒜鮮肉蒸吧！調料裡加了更多辣椒，讓自己一個人也可以有鬧哄哄的感覺。

大黃瓜香蒜鮮肉蒸

材料

- 大黃瓜……一條
- 絞肉……半斤
- 香菇……五朵
- 蛋……兩顆
- 薑……少許
- 蒜……三瓣
- 蔥……一根
- 香菜……少許
- 鹽……少許
- 太白粉……些許
- 糖……一大匙
- 香油……一大匙

淋醬

- 醬油……半匙
- 糖……半匙
- 香油……半匙
- 鹽……少許

步驟

1. 絞肉打出黏性，加入全蛋、米酒、鹽、糖、香油攪拌，再加入切好的香菇末、薑末、蒜末、蔥末拌勻醃製備用。
2. 將大黃瓜削皮去心，等份切段備用。
3. 將餡料鑲入大黃瓜中。
4. 將大黃瓜排放至盤中蒸約十五分鐘即可。
5. 將淋醬的醬油、糖、鹽及香油稍微加熱，再加入少許太白粉勾芡，淋在大黃瓜上，再擺上香菜葉裝飾。

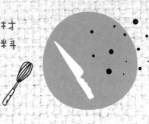

肉餡可用些許太白粉封口，
增加黏度也可封住肉汁。

一個人品嚐，不假裝的孤單

好喜歡逛家飾品大賣場，即使沒有要買東西，也覺得看到各式櫃子、家具、鍋碗瓢盆，就覺得心情很好。但很少會留在賣場用餐，因為覺得要找位子有些麻煩。

那天，很難得地想先吃了東西再逛，快接近用餐時間，很多家庭都提早來佔空位，除了吃飯之外，也有很多人是來喝飲料休息，大家都是一家一家出遊的。比較不想和別人併桌，在餐桌間尋找著位子，找到一個角落邊角的兩人座位，正要坐下時，有位約莫半百的女士詢問可否併桌一起坐，因為她一個人不好找座位。她的感覺非常相近我大學時期某位女老師，戴著眼鏡、針織衫、長裙、揹著環保袋，她坐下後溫柔地說：「妳也是自己一個人吧？要不要妳先去點餐，我幫妳看東西，然後我再去？」端了餐點回到座位，看到那位姊姊正在看書，完全不浪費一點時間，輪到她去點餐了，她起身離開時，我還沒有動筷，她回頭補了一句：「妳不用顧慮我喔，如果妳吃完我還沒回來，我的東西擱那兒就好！」她的話讓我笑了出來，因為明明我們是陌生人，怎麼感覺是一起約出來吃飯的朋友。

不一會兒，她回來了，拿著震動號碼牌，她問我說：「也是一個人出來逛逛？」我：「對啊！來看看碗盤什麼的。」「妳自己做菜嗎？」「對啊，還滿喜歡的。」很客套但又挺舒服地聊著，她的號碼牌震動了，她取回豆豉鱈魚套餐，我把桌子騰出空間讓她放餐盤，也許是小聊了一下，我們感覺真的像是朋友了，因為她開始跟我分享生活。

她仔細地用筷子把魚肉分開，每一口都是差不多的大小；她不會把菜放到飯上，所以她的白飯一直到她吃完，都是乾乾淨淨的。而且，她要跟我聊天的話，都會把口中的食物完全吞下去之後才開口，然後用折四折的衛生紙遮著嘴，她一切的動作都太像我大學某位老師了！當年那位老師上課時，會在講桌上把她自備的物品整齊放好，她寫在黑板上的字彷彿是寫在線上一樣工整，她也會將衛生紙折成四分之一的大小才會使用，所有的動作都非常秀氣輕柔。

面前的這位姊姊說自己大部份都是一個人出來逛逛，我說：「對啊，一個人挺好的，自由，不受限，不用顧慮喜好不同。」她擦了一下嘴巴，然後把筷子也擦了，桌子也擦了，帶著微笑對我說：「可是……一個人，很孤單吧？」好突然的一句話，卻又是如此真實和誠實，我也帶著微笑回答：「對啊，有一點。」

姊姊說她快六十歲了，每當覺得被生活壓得喘不過氣的時候，就會自己出來走走，她會選擇人多的賣場，挑一個角落的位子，用個餐，看本書，在人聲鼎沸的環境裡，她反而覺得平靜。聽她這樣說，覺得她應該是單身吧，可是礙於才初次見面，也不好太探究對方的私事，可是，她自己提起了結婚已經快三十年，獨子出國唸書，和先生多了許多獨處的時光，是甜蜜但也多了摩擦，覺得即使不是單身，也常常感覺到孤單。她望著我，就好像自己的阿姨和姊姊一般的目光：「不要活在別人的價值觀裡，但也不要逼自己勇敢！」那天中午，我們聊了快一個半小時，離開前也沒有留下聯絡方式，她的分享，在我腦中迴盪了許久。

孤單，和身邊有沒有人在無關，好像真的是如此，有時在同學會或是家庭聚會時，也會覺得融入不了大家的話題而感到孤單。那就坦然面對自己的情緒啊，為什麼要裝堅強或是非得找人陪，假裝不孤單？一個人，也可以挺好的，只要自己是真的開心。現在，只要覺得有些寂寞的時候，也會像那位姊姊一樣，去人多的地方走走，然後，回家替自己蒸一道豆豉薑汁鱈魚，小口小口地吃，回想她說的，靜靜地感受自己的心情。如果看到我這篇文章，要跟她說謝謝，謝謝讓我發現孤單也是可以品嚐的。

孤單，
和身邊有沒有人在無關。

如果喜歡口味重一些，可在蒸後
淋入新鮮蒜汁及薑汁，增加辛辣味。

豆豉薑汁鱈魚

材料

鱈魚……一片

豆豉……兩匙

麻油……一匙

蔥……一根

薑……一小塊

米酒……一匙

鹽……少許

步驟

1 薑切絲，蔥切段備用。鱈魚洗淨擦乾後，兩面抹上些許鹽調味，放入盤中。

2 鋪上薑絲、蔥段及豆豉兩大匙，加上一匙米酒，滴幾滴麻油。

3 外鍋加一杯水，蒸魚。蒸熟後，將湯汁淋在鱈魚上即可。

復刻童年時光的美好小吃

小時候一直覺得有些疑惑，為什麼大人都不讓我們吃路邊攤，明明他們也常吃外食啊！而且越是禁止，越讓人無法抗拒路邊攤飄來的香味。小學的時候課業壓力沒那麼重，雖然要跟著路隊一起回家，但是和同學邊走邊聊是下課時間開心的回憶。有時同校的表姊們可以提早下課，就會來班上找我，然後就會偷偷帶我去吃個小東西再回家，邊吃還要邊眼觀四方，不是擔心被同學舉報，因為我們沒有邊走邊吃，而是坐在店裡吃完才回家，主要是怕被突然想來接我們放學的家裡大人發現，然後跟奶奶打小報告說我們在飯前亂吃東西。

大部份時間我們都是從大門回家，當表姊小聲地說：「後門！」就代表今天回家前可以去後門吃東西了！然後，我們就會小跑步，但又要非常警戒地看看有沒有被人跟蹤，接著就要把自己的零用錢拿出來，加總看看可以吃多少東西，或是可以再加買什麼小文具。學校後門一帶除了有好多美食之外，還有一家小文具店，小時候覺得裡面真的什麼都賣，長大之後經過那家文具店，才發現店內佔坪還不比一般的超商呢！當

時裡面有所有小學生喜歡的各種小東西，老闆阿姨都會選擇有特殊造型的自動筆、鉛筆盒、貼紙收集本，讓小學生一進去店中就不會空手而歸，不但是賣文具，還賣有活體的小動物，像是蠶寶寶、桑葉、小白老鼠、小籠子、迷你兔、飼料，這些也是讓小學生流連忘返的原因！

有幾家小吃店是我們最喜歡的，有一家的炸糯米腸超好吃，老闆還有賣炸芋頭粿，但因為小朋友沒那麼喜歡吃芋頭，所以每次都是小朋友吃糯米腸沾甜辣醬和醬油膏，大人吃芋頭粿淋上生辣椒香菜醬油。那家小攤販就在鐵道邊，旁邊還有一小片甘蔗田及稻田，現在回想起那家炸糯米腸的香味時，彷彿也能聞到稻田的味道，聽到平交道柵欄準備放下來的警鳴聲。

另外一家是我們小時候也超喜歡的，是一位年歲超級大的老奶奶賣的甜不辣，小時候的我總覺得她很像卡通裡面的老巫婆，因為阿嬤臉上的皺紋實在太有被歲月刻劃下的痕跡，而且她都不笑，客人跟她點餐的時候，她都沒什麼笑容，反而會很兇地問：「呷啥?!」小小朋友跟阿嬤點餐的時候，都會怕怕的，可是，阿嬤的甜不辣好好吃！我最喜歡的高麗菜捲，一定要淋上特製的甜辣醬，吃完之後一定要在原來的碗中盛上一碗魚丸湯，讓湯頭也能有甜辣醬的美味。有次是我獨自一人又偷偷去吃，因為我太急或者是怕動作慢會被阿嬤罵，所以拿碗的時候，不小心被燙到，阿嬤見狀趕快拎著我去沖冷水，然後很兇地跟我說：「急啥！阿嬤的甜不辣是有多好吃！喜歡成這樣嗎？這樣很危險知不知道！」小小年紀被嚇壞的我怯怯地回：「真的很喜歡！」阿嬤聽了之後，居然笑了！然後，原來她人很好耶！幫我把高麗菜捲切得比平常小塊一點，因為她說這樣就可以一口吃到高麗菜和裡面的肉餡，不會菜肉分離，阿嬤還在碗裡多放了白蘿蔔和油豆腐，然後酷酷地可是帶著笑容說：「長大要記得阿嬤的店喔！看你們這些囡仔吃得開心，阿嬤就開心！」

長大之後，阿嬤早就已經不在了！每每回到小學附近，都會刻意繞去後門，放慢腳步回憶小時候喜歡的味道，那家甜不辣的原址也不再是小吃店。站在對街讓自己懷念一下，抬頭望著天空，在心裡告訴那位可愛的老巫婆阿嬤：「阿嬤，我長大了，一直記得您的店！然後，現在我也會做高麗菜捲了喲！」

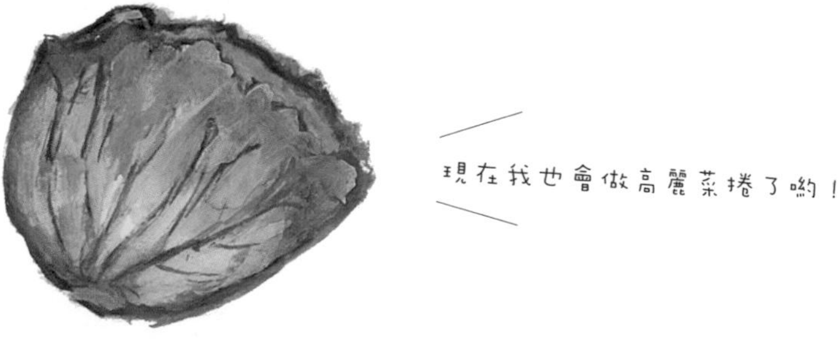
現在我也會做高麗菜捲了喲！

蒸高麗菜肉捲

材料

高麗菜……一顆
絞肉……一斤
薑……一塊
蔥……一根
荸薺……五顆
醬油……一匙半
蝦仁……八隻
香菇……五朵
鹽……一小匙
糖……一小匙
太白粉……一小匙
米酒……一大匙
白胡椒粉……些許
香油……些許

步驟

1 蔥切蔥花，薑切末，荸薺、香菇切碎備用。

2 將絞肉打至有黏性，加上蝦仁、米酒、醬油、鹽、糖攪拌均勻，再加入太白粉、蔥花、薑末、香油、白胡椒粉，再將荸薺、香菇拌入絞肉中醃製備用。

3 將整顆高麗菜中間的梗心四邊垂直切下，完整取出梗心，再把高麗菜放入鍋中以熱水燙軟，高麗菜葉即可完整剝落，取出葉片後靜置冷水中備用。

4 將醃製好的餡料包入高麗菜葉中，可用牙籤固定菜緣，再放入電鍋中蒸約十五分鐘即可。

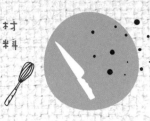

為辛苦的生活添加甜蜜的細節

從大學開始就打工，然後努力兼差存錢，也努力唸書申請獎學金，我知道十八歲長大之後就必須靠自己，要對自己的人生和未來負責，與其在那邊怨天尤人，不如趕快起身尋找生機。一畢業之後，我一天做兩份工作，加上家中長輩先借了我頭期款，讓我也可以擁有自己的第一間房子，為了每個月的貸款，我就卯起來拚命找錢路，去接寫劇本和節目企劃的案子，去接大大小小各種內容的配音，有兒童卡通、動物生態、時尚流行、成人情色……只要我可以做得到的，都積極去接洽。

在屬於自己的家中，踏實又感觸良多，終於不用寄人籬下，終於可以隨心佈置自己的空間，終於可以在自己的廚房裡開伙！到現在我都會告訴身邊的小朋友們，想要得到自己的幸福，就不要怕辛苦，更不可以把壓力隨口掛在嘴邊，要讓自己經濟可以自主自理，誰的生活容易了？誰的人生沒壓力了？既然接下了任務，就要努力完成，減少休閒娛樂的時間，盡責為自己許下的承諾付出！

還記得當年什麼菜也不會，只是單純想在自己的家裡做自己喜歡的味道，除了長輩傳授一些很日常的家常菜外，曾經也在我自己的廚房裡挑戰一些看似很複雜的甜點，覺得困難是因為沒有動手去做過，一旦上手了，就可以掌握到訣竅！那時，廿多年前還沒有所謂的網路美食教學，不能用智慧型手機隨點隨看隨做，要拿個筆記在美食節目播出時快速記下，或者是臉皮厚一些去詢問店家有沒有祕訣，當時自己試做了芋圓、地瓜圓，自己調製糖水，煮紅豆、綠豆，然後加入碎冰，就是家庭版的剉冰！看到成品自己都忍不住自誇！

因為一直很喜歡吃有豆沙餡的小點，喜歡把豆沙炒成香甜的豆沙泥，而不是煮到軟爛的紅豆粒，當時就想來試試如果結合了糯米會是什麼口感，感覺有點像是包著豆沙餡的麻糬，但更想吃豆沙糯米捲！於是，自己炒了豆沙，然後認真地蒸糯米糰，再把糯米擀平，把豆沙鋪在糯米薄皮上，捲起來之後，可以沾一些花生碎粒和白芝麻，美味又滑口，光是用看的就感覺是道很用心的甜點！

現在，我都是中年熟女了，早就獨立自主多年，以前會跟年輕人說不怕苦不怕難，想要多舒服的生活，就要付出兩倍以上的努力，不要只顧著追求愛情，荒廢虛度時光。但此時，反問自己，如果歲月可以再重來一次，會以「找對的人陪伴」當成人生重要課題嗎？閉上眼睛認真思考，應該還是不會，頂多把工作時間多撥個十分之一，去留意誰才是我需要的人，不是因為不怕孤單，而是害怕麻煩，害怕自己沒能照顧好家人、對方或對方的家人，又或者是更害怕失去，把自己脆弱惶恐的一面關起來，如果，真的找不到適合自己的，那寧可不要害到不適合的！然後，把自己及家人的生活和身體照顧好。

如果，想要疼惜一下辛苦的自己時，我就會蒸個甜Q糯米豆沙捲，一口一個，叮嚀自己不要陷入寂寞的圈套，自己一個人也要過得充實快樂！

甜Q糯米豆沙捲

材料

糯米粉……100克
玉米油……一大匙
紅豆……100克
橄欖油……些許
玉米粉……20克
白砂糖……兩大匙
無鹽奶油……半塊

紅豆泡水後，將水分瀝掉，放入冷凍庫中約三十分鐘，可以縮短煮紅豆的時間。

步驟

1 紅豆洗淨後需泡水一小時，以小火煮軟後，將水倒掉並將紅豆壓爛。

2 在紅豆內加入白砂糖一大匙、無鹽奶油、些許橄欖油，攪拌均勻磨成泥狀備用。

3 將糯米粉、玉米粉及白砂糖一大匙拌勻，加入玉米油及水，攪拌至沒有粉狀顆粒。

4 外鍋加一杯水，將粉漿蒸熟。

5 將糯米糰擀開，將豆沙泥均勻鋪滿，捲起後切成小塊即可。可以再撒些糖粉、花生或是椰絲。

異鄉的美味，感動的回憶

這些年開始自己賺錢，收入也比較穩定之後，旅行是幾乎每兩個月就會安排一次的消遣，到處走走看看，甚或是多住幾天深度感受當地的小巷小弄，都是非常美好的。撇開語言的隔閡，喜歡去嘗試旅行書沒有推薦的隱藏版美食。

去過香港好多次，之前都是因為工作，順著所謂的美食米其林指南吃過一輪，非常滿足，但總覺得好想感受一下當地家常的氛圍。自己安排了時間，選擇不是旺季的平日，早上的班機，讓自己下機就開始感覺！的確，他們生活步調十分匆忙，從機場捷運開始就要小心不要和人群動線撞在一起，在趕著上班的路程沒有人會有耐心左閃右閃，尤其我又是一副推著行李、很悠閒的遊客模樣，必須要很識相地讓路。

站在路邊不急著搭車，看著上班族們早餐都吃什麼啊？是會去吃早茶嗎？還是一樣是三明治、麵包就解決呢？晃著晃著，走到了一家很巷子底的小吃店，老闆娘是位老奶奶，她坐在櫃台搖著扇子，年紀雖然很大，但是看起來仍是非常精明幹練，很有氣

勢的樣子。

行李箱輪子在石磚路上磕磕撞撞，發出的聲響引起了老奶奶的注意，猜想應該是來她店裡用餐都是附近的熟客，不太會有人拖著行李經過。她起身探頭望了望，沒說話，盯著我看，我也沒說話，但帶著微笑點頭示意；她坐了回去，原本以為老婆婆沒有要搭理我，但是看到她的扇子朝我揮了揮，那把蒲扇對我來說有種特別的感受，因為小時候家裡的長輩，和村子的爺爺奶奶在公園聊天下棋時，都是用那把扇子搧涼，替孩子們趕蚊子，或是用扇子加強他們講話時的氣勢！

順著老婆婆的手勢，扛著行李進到店內，婆婆配合我說著讓我能懂的話，她問：「趕路，餓了吧！」好溫暖的感覺，那刻像是放學回家聽到奶奶的關心，她問我想吃什麼，我也不知道，有點小撒嬌地說：「好吃的！」老婆婆走進廚房交代師傅弄吃的給我，不一會兒，夥計端上桌的是狀元及第粥和一盤蠔油芥藍，老婆婆說：「早上吃粥，一天不發愁！」我猜這應該是她自創的吧，我順著接：「一盤芥藍，生活不難！」她笑了，我也笑了！店內沒客人，應該是已經過了上班早餐時間，我慢慢吃邊聽她講故事，聽她聊起如何來到這裡落腳，如何辛苦地開了一家小吃店，先生走了，孩子移民了，她沒跟著去，因為覺得自己有責任要照顧附近鄰里的飲食，畢竟小吃店都開了幾十年，有好多像她一樣的獨居老先生、老太太每天都要來她的店裡吃飯！她說，感情深了，放不下了。

老婆婆要我傍晚五點的時候再過來吃飯，她親自弄個好吃的給我！回到飯店放了行李，帶上畫本在現代又傳統的街道中隨走隨畫，遊客的心態，每個景象都新奇特別。差不多要五點了，買了一些水果要送給老婆婆，然後散步前往小吃店，還沒走到巷底，就已經聽到不小的談話聲，果真就如同老婆婆說的，附近許多老先生老太太都來店內串門子。

老婆婆很熱情招呼我入座，將我介紹給她的鄰居們，真的覺得自己像是遠行返家的遊子，老婆婆請夥計端上她親自做的美味晚餐，一大碗公的雙臘招牌飯，有肝腸香腸叉燒肉，滿到看不到飯，而且飯也不是一般的白飯，是糯米飯，Q彈有嚼勁，淋上特製燒臘醬汁，真的非常香！但更香的，是老婆婆對我的熱情。

至少十年過去了，老婆婆還在嗎？週末的時候，買了糯米，試著自己做，裝好一大碗公的糯米雙臘蒸飯，自己一個人走到公園邊，坐在涼椅上很悠閒地咀嚼著飯香、回憶香！

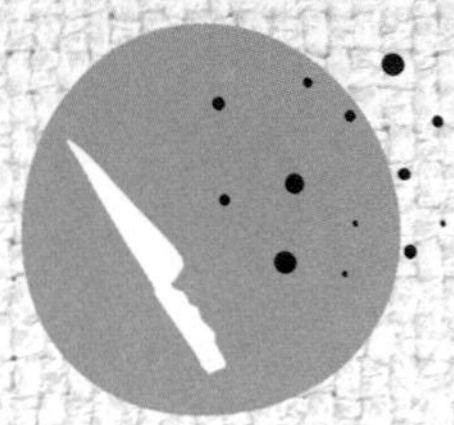

銷魂糯米雙臘蒸飯

材料

長糯米……半斤
臘腸……三條
蒜苗……一根
醬油……一匙
糖……一匙

臘肉……三分之一條
肝腸……三條
蛋……一顆
蠔油……一匙
蒜……兩瓣

步驟

1 長糯米洗淨後，浸泡三小時備用。

2 臘腸及肝腸切片，蒜苗斜切段，蒜切末備用。

3 先將臘肉放入乾鍋中煸出油，將臘腸、肝腸放入快速炒香後，全部撈起備用。

4 將蒜末加入鍋中煸炒，加入醬油、蠔油、糖及水，盛起醬汁備用。

5 將長糯米加水，米和水的比例為1：0.7，外鍋放一杯水蒸熟。

6 將臘肉、臘腸、肝腸鋪在飯上，淋上一匙醬汁，再蒸十分鐘。

7 配菜可搭配芥藍或大豆苗，再煎一顆太陽蛋更美味！

糯米和水的比例視喜歡吃稍硬或是稍黏的飯而定，加入醬汁後，續蒸五分鐘，可讓鍋底產生鍋巴，口感更棒。臘腸及肝腸的腸衣在煎之前可剝掉，更加衛生安全。

神廚奶奶的拿手菜

還記得學生時期的家政課，常會被犧牲借課，然後變成改上數學課、國文課，或是要考試什麼的。可是，超喜歡上家政課的，就好像是扮家家酒一般，有縫紉、皮雕、烹飪之類，喜歡看到同學們在當年偌大的考試壓力下，能暫時在家政課放鬆眉頭，享受片刻解鎖的開心。明明那時也才十多歲，可是在家政課的時候，就好像是一群三姑六婆，繫著圍裙瞎聊生活瑣事和八卦，想來就覺得可愛。

某次的家政課老師要大家試做粉蒸系列，聽到菜色時覺得一定沒問題，因為那是家裡常出現的家常菜。在上課前的週末，和奶奶一起上市場，除了幫忙扛菜籃之外，就是喜歡聽奶奶怎麼和店家話家常，然後順勢殺價，小時候就覺得這招很強，先拉近距離，接著在無形中達到目的。可是長大了仍學不會，可能也是因為現在的鄰里因為工作忙碌，彼此之間的親切感少了許多，即使是想多聊兩句，好像也擔心打擾了對方工作。

奶奶知道了學校要教大家做粉蒸系列，以她神廚的地位，就忍不住在上課前先偷跑

傳授了一下，比如粉量的多少，是要選擇排骨還是五花肉或里肌肉，要先醃嗎？還有醃料的比例又是多少……跟著奶奶在市場遛了一圈，聽她用說的，就感覺已經吃了一整桌的美食。

回到家，奶奶當然忍不住要炫技，她先做了一份粉蒸排骨給大家吃，味道當然是一流的！她略帶驕傲地說：「記住這個味道，再和學校老師做的比一比，看哪個比較好吃，如果學校老師教得不好，我可以去幫忙上課！」那天，家人因為奶奶的「不能輸」，享用了美味的晚餐，而且，奶奶還特別幫我醃好了一份肉，要我隔天直接帶去學校，這樣我的肉一定比同學的更入味！

不知道是因為太開心有奶奶的幫忙，還是吃得超滿足所以睡得太沉，隔天一大早居然睡過頭，急急忙忙收了東西就趕去搭車。一上了公車，糗了，家政課需要的食材全忘了帶，當時又沒有手機，到了學校才打公共電話回家，可是奶奶早就出門打牌，沒人接電話……結果，那堂的家政課，我的食材是同組同學每人分一塊肉給我，靠著大家的力量完成了我的粉蒸香蒜五花肉。冰箱的那份，奶奶只能當晚再弄給大家吃。

現在想到粉蒸系列，就會想起當年的糗事，想起奶奶臭屁的口吻，想起同學力挺分肉的義氣，現在的我，想吃就做，自己一個人也可以像大廚一樣，快速上菜！

粉蒸香蒜五花肉

材料

五花肉……一條
鹽……一匙
胡椒粉……少許
蠔油……一匙
蒸肉粉……100克
蒜……五瓣

紅心地瓜……一條
糖……一匙
醬油……一匙
米酒……一匙
老薑……一塊
水……100 c.c

步驟

1 薑、蒜切末備用。五花肉切成薄片，依序加入鹽、糖、胡椒粉、醬油一匙、蠔油、米酒、薑末、蒜末、蒸肉粉及水，攪拌均勻醃製備用。

2 將紅心地瓜切成和五花肉差不多的厚度，鋪在大碗底層。

3 將五花肉分層放入碗中擺放整齊，放入電鍋中蒸一小時左右，將碗倒扣盤上即完成。

如果喜歡口味重一些的話，
可以撒上蔥花及蒜末，
再淋上燒熱的花椒油、
香油和辣油即可。

後記／一個人吃飯，難嗎？

如果有讀者在看完《我一個人，餓了！》之後，告訴我其中的某道菜，或某個故事，令他們回想起自己某段人生故事，我一定會很感動，就是因為念舊才開始做菜，在老菜色中重建回憶，那些令我想起又哭又笑的曾經。

本來想把書名取名為《一個人吃飯，難嗎？》但覺得這樣是不是太悲情，因為即使是一個人吃飯，也可以吃得很幸福很快樂呀！

在備菜的過程中，會試想當時大人在準備的時候，是不是也是這樣的切菜？這樣的順序下鍋？這樣的心意盛盤？做菜是有收穫的，獲得了美味，也獲得了思念。

一個人，餓了，就自己試著做菜吧，做一道屬於自己的快樂滋味，一道也能譜出難忘故事的美味。

吃過我料理的家人朋友啊！謝謝你們喲！謝謝那些讓我好開心的笑容與稱讚，有空就多聚聚嘛！想念和肚子餓一樣，是每天都會感受到的！好多夜裡，我一個人，不只是餓了，也想你了，想嚐嚐我的手藝時，千萬不要客氣喔！

國家圖書館出版品預行編目資料

我一個人，餓了！：40 篇飲食記憶 ×40 道美味料理，國民姑姑暖胃療心上菜啦！ / 海裕芬著 . -- 初版
. -- 臺北市：日月文化，2020.11
224 面；14.7*21 公分 . --（日日好食 20）
ISBN 978-986-248-921-5（平裝）

1. 食譜

427.1　　109015181

■ 日日好食 20

我一個人，餓了！

40 篇飲食記憶 ×40 道美味料理，國民姑姑暖胃療心上菜啦！

作　　者：海裕芬
繪　　圖：海裕芬
主　　編：俞聖柔
校　　對：俞聖柔、海裕芬
封面設計：比比司設計工作室
美術設計：LittleWork 編輯設計室
攝　　影：紅角品牌形象廣告有限公司

發 行 人：洪祺祥
副總經理：洪偉傑
副總編輯：謝美玲
法律顧問：建大法律事務所
財務顧問：高威會計師事務所
出　　版：日月文化出版股份有限公司
製　　作：山岳文化
地　　址：台北市信義路三段 151 號 8 樓
電　　話：(02)2708-5509　　傳　　真：(02)2708-6157
客服信箱：service@heliopolis.com.tw
網　　址：www.heliopolis.com.tw
郵撥帳號：19716071 日月文化出版股份有限公司

總 經 銷：聯合發行股份有限公司
電　　話：(02)2917-8022　　傳　　真：(02)2915-7212
印　　刷：禾耕彩色印刷事業有限公司
初　　版：2020 年 11 月 11 日
初版九刷：2020 年 11 月
定　　價：360 元
I S B N：978-986-248-921-5
◎版權所有・翻印必究
◎本書如有缺頁、破損、裝訂錯誤，請寄回本公司更換

| 書中料理器皿由小器生活道具提供。料理器具由膳魔師、鍋寶、Bruno 提供。 |

一個人，餓了，就自己試著做菜吧！

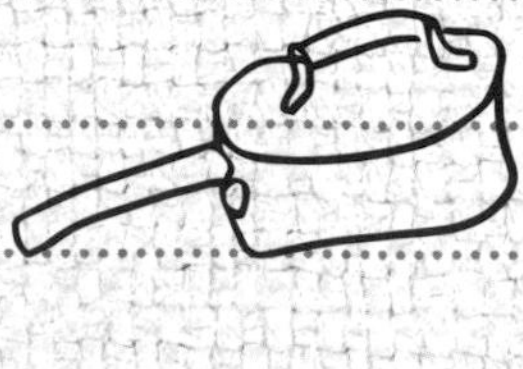

做一道屬於自己的快樂滋味，一道也能譜出難忘故事的美味。

鍋寶智慧多功能氣炸烤箱
鍋寶 | COOK power
瀝油烤盤+雙烤網
海陸空多層料理 一次上桌
12L大容量
獨家 創新設計
瀝油不沾烤盤
不沾不黏 好清好洗
掃描即享 限量優惠

BRUNO

多功能電子壓力鍋

\#廚房的時空旅人

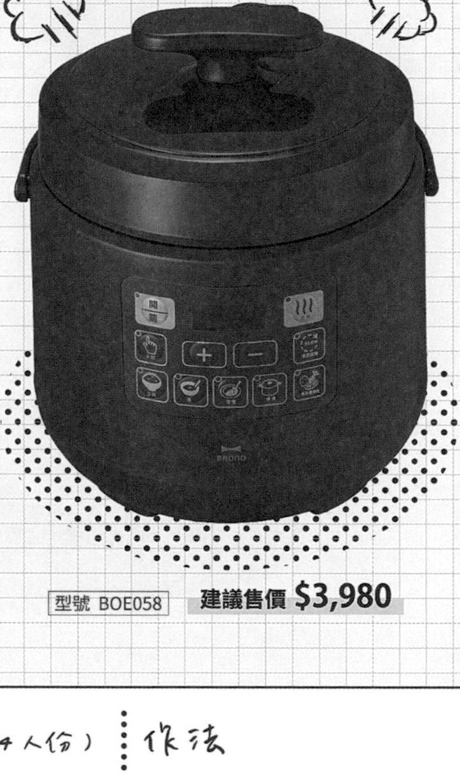

我想看更多!

型號 BOE058　建議售價 $3,980

BRUNO Cooking Studio!

馬鈴薯燉肉

材料（3~4人份）

薄切牛肉	250g
馬鈴薯	中型4個 (400g)
洋蔥	1個 (200g)
紅蘿蔔	1根 (150g)
四季豆	6根
沙拉油	1大匙
★ 酒	2大匙
★ 味醂	2大匙
★ 醬油	2大匙

作法

1. 牛肉切成一口大小。馬鈴薯、洋蔥、紅蘿蔔滾刀切成大塊。四季豆切成2～3等份，事先用鹽水汆燙。
2. 平底鍋加入沙拉油，開中火，放入1的牛肉熱炒。變色後加入1的馬鈴薯、洋蔥、紅蘿蔔。熱炒2-3分鐘使食材吸收油。
3. 內鍋放入2和★，裝入本體內蓋上鍋蓋。按下『馬鈴薯燉肉』的按鈕開始調理。
4. 加壓完成，壓力顯示指針下降後即可裝盤，放入四季豆裝飾。

Multi Pressure Cooker 12 recipes

送 12道料理食譜

BRUNO Style - Taiwan　bruno_taiwan

加入FB社團 BRUNO Style-享受料理品味生活

BRUNO官網 bruno.com.tw

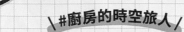

感謝您購買《我一個人，餓了！》。109/11/01 ～ 110/02/18（以郵戳為憑），請以正楷詳細填寫「讀者資料」並寄回本張「讀者回函卡」，即可參加抽獎。您將有機會獲得時尚好禮！

讀者資料（請以正楷填寫）

姓名：＿＿＿＿＿＿　生日：＿＿年＿＿月＿＿日　性別：□男　□女

電話：（日）＿＿＿＿＿＿（夜）＿＿＿＿＿＿（手機）＿＿＿＿＿＿

電子信箱：（請務必填寫，以利及時通知訊息）＿＿＿＿＿＿

收件人地址：□□□＿＿＿＿＿＿

您從何處購買此書？＿＿＿＿縣/市＿＿＿＿書店

您的職業：□製造　□金融　□軍公教　□服務　□資訊　□傳播　□學生　□自由業　□其他

您從何處得知這本書的消息：□書店　□網路　□報紙　□雜誌　□廣播　□電視　□他人推薦

您通常以何種方式購書？□書店　□網路　□傳真訂購　□郵政劃播　□其他

您對本書的評價：（1.非常滿意 2.滿意 3.普通 4.不滿意 5.非常不滿意）

書名＿＿＿＿　內容＿＿＿＿　封面設計＿＿＿＿　版面編排＿＿＿＿　文/譯筆＿＿＿＿

提供我們的建議？＿＿＿＿＿＿

贈品介紹　得獎名單將於 110/03/03 公布在山岳文化 Facebook https://www.facebook.com/shanyuebooks | 贈品將於 110/03/15 前（不含假日）寄出

BRUNO

日本 bruno 多功能電烤盤

市價 3290 元／組（共 10 組）

注意事項

1. 如因資料填寫不完整及不正確以致無法聯絡者，視同放棄中獎資格，本公司有權另抽出替補名額。
2. 本活動贈品以實物為準，無法由中獎人挑選，亦不得折現或兌換其他獎品。
3. 本活動所有抽獎與兌換獎品，僅郵寄至台、澎、金、馬地區，不處理郵寄獎品至海外之事宜。
4. 對於您所提供予本公司之個人資料，將依個人資料保護法之規定使用、保管，並維護您的隱私權。

日月文化集團
HELIOPOLIS
CULTURE GROUP

客服專線 02-2708-5509
客服傳真 02-2708-6157
客服信箱 service@heliopolis.com.tw

廣 告 回 函
台灣北區郵政管理局登記證
北台字第 000370 號
免 貼 郵 票

日月文化集團 讀者服務部 收

10658 台北市信義路三段151號8樓

對折黏貼後，即可直接郵寄

日月文化網址：**www.heliopolis.com.tw**

最新消息、活動，請參考 FB 粉絲團

大量訂購，另有折扣優惠，請洽客服中心（詳見本頁上方所示連絡方式）。

大好書屋　寶鼎出版　山岳文化

EZ TALK　EZ Japan　EZ Korea

大好書屋・寶鼎出版・山岳文化・洪圖出版　EZ叢書館　EZKorea　EZTALK　EZJapan